新型职业农民培训教材

火龙果

高效栽培技术

广西农业广播电视学校　组织编写

范稚莲　莫良玉　劳素娟
劳素婵　王邕　　编　　著

U0275027

广西科学技术出版社

图书在版编目（CIP）数据

火龙果高效栽培技术 / 范稚莲等编著 . —南宁：广西科学技术出版社，2020.10

ISBN 978-7-5551-1428-4

Ⅰ . ①火… Ⅱ . ①范… Ⅲ . ①热带及亚热带果—果树园艺 Ⅳ . ① S667

中国版本图书馆 CIP 数据核字（2020）第 185216 号

火龙果高效栽培技术

广西农业广播电视学校　组织编写

范稚莲　莫良玉　劳素娟　劳素婵　王　邕　编著

责任编辑：黎志海　张　珂　　　　　　　封面设计：梁　良

责任印制：韦文印　　　　　　　　　　　责任校对：夏晓雯

出　版　人：卢培钊

出版发行：广西科学技术出版社　　　　　地　　　址：广西南宁市东葛路 66 号

邮政编码：530023　　　　　　　　　　　网　　　址：http://www.gxkjs.com

经　　销：全国各地新华书店

印　　刷：广西万泰印务有限公司

地　　址：南宁经济技术开发区迎凯路 25 号　邮政编码：530031

开　　本：787mm×1092mm　1/16

字　　数：110 千字　　　　　　　　　　印　　张：6

版　　次：2020 年 10 月第 1 版　　　　　印　　次：2020 年 10 月第 1 次印刷

书　　号：ISBN 978-7-5551-1428-4

定　　价：25.00 元

《新型职业农民培训教材》
编委会

主　　　任：覃国森

副 主 任：莫嘉凌　陈　贵　何　俊

本 册 编 委：范稚莲　莫良玉　劳素娟　劳素婵　王　邕

火龙果科学种植交流，
提质增效不用愁

建 议 配 合 二 维 码 一 起 使 用 本 书

 【火龙果栽培技术交流群】

广大果农相互交流，

有效地解决种植过程中，

遇到的问题。

◀◀◀

微信扫码，马上学习

提高火龙果品质
与产量

前　言

火龙果（*Hylocereus undatus* Britt.），属仙人掌科量天尺属，是量天尺的栽培品种。目前水果市场上被人们统称为火龙果的是红龙果、紫龙果和金龙果。红龙果和紫龙果的果皮均为红色，果肉分别为红色和紫色；金龙果的果皮为黄色，果肉为白色。火龙果是近年来被人们广泛关注的一种新兴热带、亚热带水果。火龙果原产于中美洲热带雨林，后由东南亚地区引入台湾，再由台湾改良引进海南、广西、广东等地栽培。火龙果因其肉质鳞片似蛟龙外鳞而得名。

火龙果具有物种新、产量高、质量优、生态效益好、保健价值高和开发潜力大等优点。火龙果富含大量花青素，虽然蔗糖、焦糖含量较低，但甜度却很高，再加上其独特的口味，使其广受消费者的喜爱。火龙果的上市期长，贮存也比较方便，其独特艳丽的外观和鲜美爽口的肉质，使其在市场上有很大的需求量。此外，火龙果栽培容易管理、耐干旱、病虫害较少，因而市场前景广阔。

火龙果在我国属于新兴水果，目前在我国台湾、海南、广西、广东、福建、云南和贵州等省区均能够进行栽培。在北方，增加保温措施和增温措施也可以进行火龙果栽培。据不完全统计，2018 年，我国火龙果种植面积已经达到60 万亩。火龙果种植在前期投入较大，一般农户的种植面积较小，面积大的果园一般以企业投入发展为主。

火龙果营养丰富，是一种低热量、高纤维的水果。火龙果未来可以制成减肥饮料、降压降脂保健品、干果等产品。火龙果从果皮到果肉都是提取天然色素的良好资源，并有可能在食品和化妆品中得到利用。目前由火龙果开发出来的产品，如火龙果果汁、果酱、果酒和果醋等深受人们的喜爱。随着市场的需求量越来越大，火龙果处于供不应求的状态，其经济效益高，行业的盈利能力较强，前景十分广阔。

1

本书共有九个章节，主要介绍火龙果品种与高产栽培技术，简要介绍火龙果种类和良种、营养和利用价值、生产的环境条件、形态特征和生长习性、繁殖育苗技术，详细介绍果园的建立、高产栽培技术、病虫害防治和主要自然灾害防护及火龙果采收和贮藏保鲜技术。经过查找资料和实地考察，结合一些种植经验较丰富的种植户的建议及实际情况，作者科学地提出火龙果种植过程中农户关心的难点、重点问题的解决办法，如如何管理好果园、如何避免病虫害的发生等。本书旨在为农户提供科学的、全面的种植栽培技术，为广西及至我国南方广大火龙果种植户提供相关技术支持。

本书在编写过程中得到了广西大学农学院梁盛凯、孙慧静、杨柳青、雷蕾、杨森、陈银帆、罗栋资的支持，他们在资料及图片收集过程中做了大量工作，在此对他们的支持和帮助表示诚挚的谢意！由于编著者的水平有限，书中错误和疏漏之处在所难免，衷心希望各位读者予以批评指正。

目录

第一章 火龙果种类和良种

第一节 火龙果的分布及品种

火龙果，俗称长寿果，又称情人果、仙蜜果、青龙果和红龙果。火龙果原产于中美洲热带雨林地区，是典型的热带水果，亚洲也种植火龙果，主要分布于中国和越南。在我国台湾、海南、广东、贵州、广西、福建、云南和四川等地都有种植火龙果。在广西，火龙果分布区域包括南宁市、钦州市、防城港市、北海市、玉林市、贵港市、崇左市、梧州市等。

火龙果果肉富含糖类、有机酸、氨基酸、维生素、矿质元素等，其中红肉火龙果还含有丰富的天然红色素；火龙果果皮含有甜菜红素和花青素，具有较高的营养价值。现代化学成分研究表明，火龙果的果皮和果肉中均含有黄酮、多酚、总花色苷、植物甾醇等多种功能性物质，在抗氧化，降血糖，预防高血压、高尿酸、便秘和结肠癌等方面有着良好的保健功效。从果肉来分类，目前火龙果主要有白肉火龙果、红肉火龙果和紫红肉火龙果，市面上较常见的是白肉火龙果和红肉火龙果，两者在果实及贮藏方面有一定的差异。

一、果实方面

在果形方面，红肉火龙果近圆形，白肉火龙果呈橄榄形。在果实单果重及可食率方面，红肉火龙果与白肉火龙果无显著差异。在果实口感方面，红肉火龙果的有机酸含量显著低于白肉火龙果，红肉火龙果的糖酸比显著高于白肉火龙果。果实的糖酸比决定了其甜度，糖酸比越高，甜味越突出。因此，红肉火龙果的口感比白肉火龙果更佳。

白肉火龙果与红肉火龙果对比图

二、贮藏方面

火龙果贮藏方法极为重要，好的贮藏方法既可以保持火龙果的新鲜口感，又可以保持火龙果的营养成分。如果贮藏方法不正确或不恰当，则会导致火龙果水分流失而枯萎，甚至是腐烂，这样不仅使火龙果丧失食用价值，还会造成经济损失。试验表明，白肉火龙果比红肉火龙果更耐贮藏，常温下，红肉火龙果贮藏4～6天后腐烂速度快速提高，白肉火龙果贮藏6～8天后腐烂较多。

红肉火龙果

三、火龙果品种

生产上，火龙果栽培品种主要从越南及我国台湾引进，种质资源创新利用及自主选育品种很少，而且品种名称十分杂乱，火龙果引进者大多直接使用原名或自我命名，因此存在着同名异种或同种异名的现象。生产上常见的火龙果栽培品种主要有以下8种。

（1）紫红肉火龙果

紫红肉火龙果根系发达，发枝能力强，生长旺盛，易栽培；喜光、喜温，耐旱性较强，较耐低温，不易发生冻害；花量大，坐果率较高，采收期长；果实外形美观，中等大小，风味浓郁，糖度比一般白肉火龙果高；成熟果皮薄，可食率较高；含丰富的膳食纤维及植物蛋白质，花青素含量高，果实品质优良。

（2）金都一号

金都一号火龙果在市场上流行较久，其自花授粉的特性赢得了广大种植户的喜爱，成为最流行的红心火龙果品种之一。该品种种植存活容易，生存能力强；产出周期长，可达20年；甜度高，一般品种的甜度为14左右，而该品种高达20；果实个大，产量高；成熟时裂果率较低；耐储存，常温下可储存15天左右，低温下可储存数月。

（3）台湾大红

台湾大红在金都一号的基础上进行了更深入的培育和改良，其果实比金都一号更大更甜，而且拥有目前国内最新的培育技术。该品种种植简单方便，虽然自花授粉低，但是裂果率极低；甜度高，可达18～23，平均甜度在20以上；产量高，每亩平均产量3000千克以上，光照、肥料充足时，亩产可达5000千克，平均批发价格6元/千克以上，利润可观；耐储存，耐运输；市场前景好，深受消费者喜爱；目前在广西和海南大面积种植，是火龙果中的精品，完全超越越南进口火龙果的品质。

（4）红宝龙

红宝龙是目前种植规模较大的几个品种之一，最早源自台湾，是从台湾大红里优化培育出来的优良品种。该品种果实表皮颜色更艳丽，卖相更好；鳞片尤其是鳞片基部较宽；果皮转红之后，留在树上的挂果期及采摘后自然存放的货架期更长，因此自2018年引入广西等产区后，深受收购商和种植户的欢迎。

（5）白玉龙

白玉龙为红皮白肉类型，由台湾选育。该品种产量高，授粉率高，耐寒，抗病性强，品质好；果实卵圆形，单果重500～1000克，果肉多汁，水分含量为85%，是目前较为理想的推广栽培品系。

（6）珠龙

珠龙是红皮红肉火龙果十多个品系中相对典型的一个品系，由台湾选育。该品种单果重300～700克，香味浓郁，果肉花青素含量极丰富；但易裂果，需在果皮转色时3天左右采摘；茎干肉质、粗厚，外形极易与白肉类型相区别。

（7）红仙密1号

红仙密1号为台湾选育出的红皮红肉杂交品种。自花结果率高，减少了红肉类型对白肉类型授粉的依赖性；产量高，不易裂果，但香味淡。

（8）燕窝果

燕窝果也叫麒麟果、黄龙果，原产于中美洲，与火龙果同属仙人掌科。不同于常见的红心火龙果，该品种个头偏小，表面长有小刺，黄皮白肉；糖度可达20%，是目前最甜的火龙果品种；外皮较厚，果实储存周期明显比其他火龙果品种更长，市场售价高达200元/千克，作为新品种其市场前景广阔。

燕窝果

燕窝果的长势

第二节 火龙果种子的收集与保护

一、火龙果种子的收集

火龙果的种子是镶嵌在火龙果果肉中密密麻麻的、黑色的、卵圆形的小颗粒，这些颗粒体积极小，其千粒重仅 3～5 克。收集时取成熟的新鲜火龙果，取出含种子的果肉，用纱布包裹，用流动水反复搓洗，直至洗净果肉及种子表面的黏膜，再用清水浸泡种子，除去漂浮在水面的种子，即得到干净的火龙果种子。

二、火龙果种子的保护

火龙果繁殖一般采用无性繁殖方式，因此火龙果种子在很大程度上被浪费和废弃。其实火龙果种子有很大的价值，如基因价值和营养价值等，因此必须加大对火龙果种子的保护。

（1）基因价值

虽然火龙果的无性繁殖技术更快速方便，更有利于规模生产，但是从生物学角度看，要通过变异获得更加优良的后代，还是必须要考虑有性繁殖技术。通过基因技术，将优良性状一直遗传下去，有性繁殖的遗传性才能更加稳定。

（2）营养价值

火龙果种子含有极丰富的营养价值。火龙果种子中含有蛋白质、脂肪、淀粉、水分、矿物质、膳食纤维和还原糖等，这些都是人体生长发育、保持健康不可缺少的营养，具有很高的营养保健功能及药用价值。研究表明，火龙果种子中的脂肪酸含量高，属于高品质可食用油脂，而且火龙果种子在提炼可食用油过程中产生的副产物油粕，可用于加工动植物饲料或肥料，这样有利于充分有效地利用资源，减少生态垃圾，保护生态环境。

第二章　火龙果的营养和利用价值

第一节　火龙果的营养价值

　　火龙果不仅颜色鲜艳亮丽、形状独特具有美感，而且吃起来香甜可口，是一种广受人们喜爱的水果。火龙果的营养成分很丰富，主要含有糖类、蛋白质、氨基酸、维生素、矿物质元素、脂肪酸和膳食纤维等。

火龙果结果状

火龙果果实

（1）糖类

火龙果中所含糖类物质有葡萄糖、果糖、低聚糖、寡糖等。白肉火龙果的低聚糖含量为（86.2±0.39）克/千克，红肉火龙果的低聚糖含量为（89.6±0.76）克/千克，高于白肉火龙果。

（2）蛋白质及氨基酸

蛋白质是生命不可或缺的重要营养元素，氨基酸是构成蛋白质的基本单位，是蛋白质的重要物质基础。火龙果中含有的氨基酸种类达18种，其中有8种是人体生长发育所必需的。在热带亚热带水果中，火龙果蛋白质含量约为菠萝、人参果、杧果等水果的2～3倍。研究发现，火龙果种子中蛋白质含量为20.3%～22%，且蛋白质的生物利用率高达91.6%。火龙果中氨基酸含量明显高于苹果、甜橙，与桃的含量相当，其中谷氨酸、甘氨酸、脯氨酸含量较高，芳香族、甜味类氨基酸的含量比较突出。由此可以看出，火龙果是补充蛋白质不错的食疗选择。

（3）维生素

火龙果含有丰富的维生素，其果实、茎干和花中都含有维生素，其中茎干的维生素含量最高，达23.3毫克/100克，果实中维生素含量为5.22毫克/100克。火龙果含有的维生素中维生素 B_2 含量最高，是苹果、甜橙和桃的20～30倍；维生素C含量也较高，尤其是火龙果茎干。对红肉火龙果和白肉火龙果果实维生素含量进行比较，发现红肉火龙果维生素 B_3、维生素 B_9 和维生素 B_5 含量均高于白肉火龙果，而维生素 B_6 和维生素 E 含量则低于白肉火龙果。

红肉火龙果

白肉火龙果

（4）矿物质元素

矿物质是构成人体组织和维持正常生理活动的重要物质。如钾是人体所需的大量元素之一，它对调节人体细胞内液的渗透压、维持神经肌肉的应激性和正常功能都有很大的作用，钾还参与细胞的新陈代谢，对降低血压也有一定的功效。镁可以促进新陈代谢，减少高血压、心肌梗死的发生率。钙是骨骼发育的最基本成分，影响人体的生长发育和健康。锌可以增强人体的免疫力，增强细胞活性，提高机体抗肿瘤因子的能力。铁元素是血液中必需的元素，铁在血液中可运输氧气，缺铁会导致贫血、免疫力下降。锰具有稳定血压、血糖的作用，同时有抑制心血管疾病的作用。火龙果含有人体所需的钾、磷、钙、镁、铁、锌、硒等矿质元素，其中钾、钙、镁含量较为丰富，且红肉火龙果矿质元素含量明显高于白肉火龙果。研究火龙果各组分矿质元素的含量发现，果皮中钙含量最高，可以作为钙及其他矿物质元素的饲料添加剂；果肉与种子中镁含量最高；锌主要富集在种子中。

（5）脂肪酸

脂肪酸是人体必需的营养物质。不饱和脂肪酸有增强人体免疫系统的调节功能及健脑明目、抗癌、减少心血管系统疾病的功效；脂肪酸对儿童智力的发展和视力的发育大有益处。火龙果的脂肪酸主要集中在种子中，含量丰富且种类较多，主要含有 8 种脂肪酸，不饱和脂肪酸含量高达 80.83%。火龙果果籽油中三大脂肪酸分别为亚油酸、油酸和棕榈酸，其中亚油酸含量最高，达 44.29%，比一般的食用油含量要高；油酸含量为 31.75%。

（6）膳食纤维

膳食纤维在健康饮食中是不可缺少的，对保持消化系统健康有着重要的作用，有通便、利尿、清肠健胃的功效，摄取足够的膳食纤维也可以预防心血管疾病、癌症、糖尿病等疾病。火龙果中膳食纤维含量为 2.33%，其中水溶性膳食纤维含量为 1.62%。研究发现，红肉火龙果的水溶性膳食纤维含量高于白肉火龙果。

（7）花青素和红色素

花青素是一种强力的抗氧化剂，强于胡萝卜素 10 倍以上，且能在人体血液中保持活性 75 小时。它能够保护人体免受有害物质——自由基的损伤，有助于预防多种与自由基有关的疾病。花青素能够增强血管弹性，保护动脉血管内壁，降低血压，抑制炎症和过敏，改善关节的柔韧性，促进视网膜细胞中的视紫质再生，改善视力，还具有一定的抗辐射作用。研究发现，火龙果果皮中花青素含量为 26.78 毫克 / 克，是黑布林的 4 倍。

火龙果的果皮、果肉中含有大量红色素，是提取加工天然食用红色素的良好来源。火龙果果皮红色素具有水溶性和醇溶性，在酸性条件下能够保持稳定，pH 为 1.5 时呈现鲜艳的红色，可溶于乙醇、丙酮、异丙醇、乙酸、柠檬酸、酒石酸和 0.2 摩尔 / 升的盐酸溶液，微溶于乙醚和乙酸乙酯，具有极性或弱极性分子物质特性。

（8）其他营养物质

火龙果中还含有多种其他营养物质，如有机酸、植物甾醇等。研究发现，火龙果色素有一定的抗肿瘤活性。火龙果中有机酸含量十分丰富，果皮中的有机酸含量比果肉高，特别是琥珀酸、富马酸、苹果酸、柠檬酸等。火龙果中植物甾醇主要存于火龙果的果茎和种子，种子中含有菜籽甾醇、β – 谷甾醇、豆甾醇等，其中以 β – 谷甾醇的含量最高。

第二节　火龙果利用价值及其产品

随着社会的飞速发展和人们经济实力的提升，人们越来越注重生活健康、饮食健康和身体健康，因此会格外关注膳食结构与营养均衡。火龙果凭借其丰富的营养成分，鲜果及利用火龙果为原料生产的产品均受到广大消费者的欢迎和喜爱。火龙果不仅具有营养价值，还具有一定的药用价值和保健作用，经济价值较高。火龙果的开发应用主要有果汁、果酱、果脯、果籽油及发酵型制品等，但目前上市的火龙果加工产品极少，仅有少量果汁、果酒、果醋等。

一、药用价值

（1）花

火龙果花的性状在不同品种中呈现出多样性。火龙果花为雌雄同体，一般一花一果；花蕾长达 30 毫米以上，黄绿色；花呈大漏斗状，直径可达 30 厘米，光洁硕大，有"霸王花"或"大花王"的美称；花瓣有纯白色、粉色等；花筒有叶状鳞片。花多在晚上开放，大多为白色，少数种类为红色。

火龙果花含有保健作用的物质，实验表明，花苞中含有 15 种化合物，其中磷对促进骨骼的发育有很好的功效。火龙果花对治疗支气管炎等疾病有一定的疗效。火龙果花可以制成干茶和饮料，这些产品都具有很好的保健作用。

火龙果花

（2）茎

火龙果节状茎通常只有3棱，匍匐或攀援生长，长可至10米以上，茎部气生根多；叶深绿色，棱边呈波浪状，有小刺；刺座稀，刺锥状，很短；枝条带叶退化而成的刺，呈棱剑状。火龙果茎具有一定的药用价值，内服外敷均可，处理过的茎内服可以解毒，鲜茎外敷可以治疗骨折；另外，火龙果茎可以增强人体的免疫功能。同时火龙果茎无污染，不含有毒物质，在食品加工方面有很好的发展空间。

火龙果茎

（3）果皮

火龙果果皮含有大量的色素，目前应用较多的是花青素与红色素。花青素有抗氧化的作用，高于胡萝卜素10倍以上，且能在人体血液中保持活性75小时。在美容方面，可以用于美容养颜，增强皮肤的光滑度与弹性；在医疗方面，可以用于降血压、治疗过敏等。因此，在食用火龙果时，尽量不要丢弃内层粉红色的果皮，可以用小刀刮下直接食用，或切成细条凉拌，榨汁食用也是不错的选择。需要注意的是，火龙果果皮不宜沏茶、煮汤或蒸炒，因为高温会导致花青素局部降解，降低其营养价值。红色素则可以用于制作食品和化妆品。

火龙果果皮

（4）果肉

火龙果果肉中的糖分以葡萄糖为主，这种天然葡萄糖容易吸收，适合运动后食用。火龙果果肉性偏凉，具有保护嗓子、止咳、润肺的功效。经常吃火龙果还能有效预防便秘，因为火龙果果肉含有丰富的粗纤维，能促进肠道的蠕动，从而起到通便的作用。

火龙果果肉

　　火龙果果肉中含有丰富的营养物质，对火龙果果肉进行加工和处理，可生产果汁、果酱、果醋、果脯、果酒等产品，它们的营养成分基本不会因加工受到破坏而变质，因此可以放心食用或饮用。

火龙果酒

火龙果饮料

火龙果面

　　（5）火龙果种子

　　火龙果种子中含有丰富的不饱和脂肪酸，可用于制作食用保健油，又因为火龙果种子油天然无污染，没有残留有害物质，因此可用于制作绿色无公害保健油。

二、经济价值

火龙果具有较大的经济价值。通过火龙果种植，将优质的火龙果向国内外市场进行销售，不仅可以带动农民致富，还可以带动整个农村经济的发展，对我国的水果出口贸易也有一定的贡献。火龙果是典型的热带水果，受地域和气候的限制，火龙果只适合在炎热的南方种植，因此可利用火龙果的区位优势，打开北方市场，甚至走向世界。

人工选果

第三节　采收、食用及储存方法

火龙果果皮转红后约15天即可采收。此时火龙果果皮呈玫红色，着色均匀，有蜡光，鳞皮变薄、变软、变曲，果顶微裂。采果时要注意不能损伤果实，为防止机械造成的损伤和人为因素的损伤，最好连果袋一起采收。火龙果食用方法多样，除直接食用外，可深加工制成果酱、果饮料、果干等产品。采收后的果实储存在5～9℃的低温中，要注意果实在储存过程中不能受挤压。火龙果自身果皮厚并有蜡质保护，再加上科学的储存办法，其储存时间可在30天左右。火龙果在不同温度的储存时间有所不同，常温下火龙果储存时间约为15天；在25～30℃的室温状态下，火龙果储存时间可超过2个星期；在15℃下可储存约30天以上。火龙果适合低温储存，因此采收后要及时放在阴凉的地方，冷藏保鲜。

适合采收的火龙果

第三章 优质火龙果生产的环境条件

第一节 气候条件

一、温度

适宜的温度是火龙果正常生长及提高品质的重要条件。火龙果原产于热带地区，是典型的热带水果，喜欢高温、害怕霜冻。从幼苗生长到开花结果的各个时期均要求光线充足、温暖湿润。火龙果的生长有温度要求，当温度低于10℃时，火龙果会因低温而休眠；当温度高于35℃时，火龙果的生长机制会遭到破坏，甚至停止生长。有试验表明，火龙果生长的最适温度为25～35℃。

温度适宜，火龙果生长良好

二、水分

水是生命之源，万物之始，任何生命都离不开它。针对不同生物对水的喜好程度不同，可将其分为喜水生命和耐旱生命。但是耐旱并不是绝对的不需要水，只是需要的水分相对较少，如果缺少必要的生命之水，任何生物都会死亡。火龙果虽是一种耐旱的植物，但在其生长过程中也需要适量的水分。适量的水分有益于火龙果的生长，缺少生长必要的水分，轻则导致火龙果生长缓慢，重则导致火龙果枯死。

火龙果的根缺水枯死

三、光照

　　火龙果是喜光植物，尤其是在花芽形成期、开花期、果实成熟期，充足的光照有益于火龙果的生长发育，同时也能提高火龙果果实的品质。火龙果和光照的关系可以从两个方面来说明，分别是光照强度和光照时间。适宜的光照强度有益于火龙果的生长，光照强度直接影响火龙果的光合作用，一定范围内光照越强，火龙果积累的有机物质就相对越多；但光照强度超过一定的限度，就会抑制和破坏火龙果的生长，过强的光照强度会导致火龙果生长缓慢，甚至枯死。其次，光照时间的长短直接影响火龙果的开花、结果和休眠，若光照时间突然变短，会使火龙果生长发育的各个环节延迟；反之，则会提前。

光照充足的火龙果果园

四、风

　　风是环境因子之一，火龙果在自然界中生长，避免不了受到风的影响，风力的大小对火龙果的影响不同。火龙果是多年生攀援性植物，需要攀附在其他物体上生长，因此搭架是火龙果人工栽培必不可少的措施之一。由于火龙果没有庞大的树冠，只有搭架坚固，才能减少因风害造成的损失。

火龙果立柱搭架

第二节　土壤条件

　　火龙果对土壤的适宜性很广，无论是在平地还是山地，无论是红壤还是赤红壤，它都能很好地生长。当土层较疏松、肥沃、中性、微酸性或微碱性，并且排水条件良好时，火龙果生长得更快，质量更好，产量也更高。另外，土壤有机质含量高更有利于提高火龙果的产量和品质。火龙果有大量气生根，要求土壤通气性好、氧气含量较高。

土质优良有利于火龙果根系生长

土质低劣火龙果根系生长不良

第三节　其他条件

一、保护措施

优质火龙果的生长一定不能遭遇低温冻害、干旱、洪涝、大风等自然灾害，为避免自然灾害造成损失，一定要做好保护措施。冬季气温相对较低，应搭制简易的大棚防冻。夏季温度高可能导致火龙果枝条发生灼伤甚至停止生长，因此可适度进行遮阳，如在火龙果种植区上拉黑色的遮阳网。在旱情发生时应及时进行人工灌水，为火龙果生长提供必需的水分。火龙果种植前一定要建好排水设施，当降水量大时，必须迅速排出多余的水，且在 3 ～ 4 小时内排干，超过 4 小时会出现烂根。此外还要搭建牢固的棚架，避免因大风造成损失。

二、田间管理

火龙果种植栽培离不开科学管理，只有认真细致地管理，才能达到优质高产的目的。

（1）病虫害防治

根据调查研究，火龙果常见的害虫有蓟马、鳞翅目（斜纹夜蛾等）、蝽象、金龟子、象甲、蚂蚁、蟋蟀、蜗牛、蝼蛄、根结线虫等，常见的病害有溃疡病、炭疽病、根腐病、霜霉病、叶斑病、枯萎病等。火龙果所发生的病虫害与生长期和气候有关，如火龙果在幼苗期时会受到鳞翅目、象甲、蚂蚁、蜗牛的为害，针对此类情况，可以使用杀虫剂来防治。当天气温度高、湿度大时，火龙果嫩枝很容易受到真菌的侵染形成溃疡病斑，最后导致火龙果枝条形成霉斑，甚至导致整个植株死亡，对这种病害，建议剪除病枝及使用杀菌类的药物来预防。总之，对火龙果的病虫害要采取提前预防、综合治理的措施。目前进行防治的方法有物理方法、化学方法、生物方法和农业方法等，只有将这几种方法综合运用，才会收到最佳的防治效果。

物理防治

（2）水、肥管理

火龙果是一种耐旱的水果，因此要特别注意加强对田间水量的管理，建设好排水设施。每次降雨结束后都要仔细查看田间的水量，必须迅速排出积水，避免火龙果受到涝害。天气干旱时，注意给火龙果浇灌适量的水，保证火龙果正常生长。火龙果生长需要适量的肥料，在种植前做好基肥管理。此外，还要关注三个关键期的肥力，一是攻梢肥，二是攻花肥，三是壮花壮果肥。保障这3个关键期的肥料，有利于提高产量和质量。在田间移栽第一年的火龙果，需要定期除草，避免杂草内的害虫繁殖生长，影响火龙果的健康苗壮生长。

铺防草布及人工除草

水肥一体化设施

第四章　火龙果形态特征和生长习性

第一节　根　系

　　火龙果在浅表土层的气生根很多，也是根系的主要活动区。透气不良或土壤酸碱度过大（最适土壤 pH 值为 6.0 ～ 7.5），会导致根系腐烂甚至死亡，因此根系分布区应排水良好、土质疏松、土壤团粒结构良好而又不砂质化。实践证明，要使火龙果生长旺盛，种植区的土壤以富含有机质的砂壤土、红壤土为佳。

第二节　茎　干

　　火龙果是多年生的肉质植物，具有三棱状的茎节，主要的茎节约有 7 条重要分枝，植株生长成熟后茎干直径可达 15 ～ 20 厘米。火龙果的整体生长较快速，一年可生长到 8.5 米，最高可长到 11 米。火龙果的茎干粗壮，深绿色，具 3 棱，边缘呈波浪状，茎节凹陷处着生由叶片退化而成的尖刺 2 ～ 3 枚。茎节上的攀援根能够攀附在篱笆、石柱及墙壁上生长。茎干承担主要的光合作用，另外茎干内部分布着大量的薄壁细胞，主要作用是吸收尽可能多的水分。

重要分枝

趋于成熟的火龙果茎干

第三节 花

火龙果花又名霸王花、剑花、量天尺花等，为子房下位花，漏斗状，长约 20 厘米，开放时直径达 24～30 厘米，花香浓郁，单花重 220 克以上，最重可达 510 克；花萼肉质且厚，呈鳞片状，向后反卷，黄绿色；花瓣先端有尖突，倒披针形，直立，呈纯白色，全缘；雄蕊花粉乳黄色，花丝白色，外形细长，数量多，雄蕊与花柱 710～950 条；雌蕊柱头青色，花柱粗，直径 0.6～0.7 厘米，乳黄色，柱头裂片 20～27 枚，细长，全缘，乳白色。火龙果一般在晚上 9 时左右开花，早上慢慢萎缩直到全部萎缩。火龙果在夏季高温时节从茎节以下长出花苞，花期为 4～11 月，从花芽分化至开花需要 35～50 天，现蕾到开花需要 15 天，平均每隔约 14 天就会长出一批花苞，花苞着生于茎节，每年可开花 13～14 次，若管理得当可达 16 次。火龙果开花能力强，有时一根枝条能生长出 20 多个花苞。

火龙果开花

第四节　果　实

　　火龙果果实圆形、椭圆形、短椭圆形，表面具肉质叶状鳞片，不同品种的鳞片疏密及长短有所差异，果皮粉红色、红色至紫红色；根据品种不同，果肉颜色为白色、红色至紫红色，果肉多汁，甜度适中，清凉爽口；种子黑色，小而多，分布在果肉中，可食用。平均单果重 200 ～ 450 克，最大可达 600 克以上；自然开花坐果率 65% ～ 95%；可食率 70% ～ 90%；可溶性固形物含量 10% ～ 20%，最高可达 23% 以上。

　　火龙果授粉 30 天左右，果肉与表皮会慢慢分离，表皮慢慢转红色，种子慢慢变黑，当表皮出现光泽后 7 ～ 8 天即可采收。火龙果结果期较长，为 5 ～ 12 月。

成熟的火龙果

第五章　火龙果繁殖育苗技术

　　火龙果育苗可采取实生育苗和无性繁殖育苗。在实际生产中，为方便操作、保证高产量及火龙果的优良基因得到稳定遗传，人们往往利用无性繁殖技术，如扦插、嫁接、组织培养等方法培育火龙果。科研人员通过扦插、嫁接、种子育苗等方法研究火龙果的苗木繁育技术。结果表明，扦插繁殖技术简单、繁殖速度快、容易掌握，又能保持原有的品种特性，最适合大面积种植推广。

扦插、嫁接育苗园

第一节　实生繁殖

一、播种时期及苗床的准备

　　火龙果果实贮藏期短，在播种前要把种子处理好，选取新鲜果实，随采随播，在9月左右最为适合播种。为了避免积水，苗床四周需要挖好排水沟。为避免幼苗腐烂，则必须把苗床畦面上的土整平。在配制苗床土时将田园土、有机肥、锯木屑和猪粪按比例充分混合，之后均匀施放在平整好的畦面上，厚度以2厘米左右为宜。种子的采集应选择无病、健壮、生长成熟的优良植株上的成熟果实，摘取新鲜的果实后把果皮去掉，将果肉挤烂，用纱布装好，放在清水中不断冲洗，直至将果肉浆液冲洗干净，将种子放到干净的盆中备用。由于种子过小，播种时不易控制密度，容易导致种苗过密，因此在播种时，为了让种子均匀播下，可以先用适量的灰土与种子充分混合。种子播后用配好的苗床土均匀撒上一层覆于种子上，不能过厚，0.2 厘米左右即可。

二、发芽及幼苗的管理

播种后应注意发芽管理，定时喷水保持土壤湿润。在畦面铺上一层薄稻草或遮阳网，喷洒灭菌类药剂以防种子发霉，有条件的可喷洒生长激素以提高发芽率。火龙果种苗出土后要注意透气通风，预防苗期腐烂病，同时保持适宜的土壤湿度，以免苗木干死。苗木长到小指大小时要逐渐撤去遮阳物，同时用育苗盘进行移栽，之后注意抹掉多余的芽，1 株只留 1 个芽。火龙果在幼苗期要注意防止蜗牛和毛虫啃食，通过喷药和撒蜗牛药预防，或发生时及时人工捕捉。苗期如果湿度过大，很容易造成腐烂病，应适当通风换气，必要时喷多菌灵可湿粉剂 800 ～ 1000 倍稀释液进行防治。

第二节　扦插繁殖

一、扦插时期

在自然条件下，适合扦插的季节为 3 ～ 10 月。扦插时要避免高温多雨，应在荫蔽的地方进行。火龙果扦插繁殖的最适温度为 25 ～ 30℃，这样有利于伤口愈合，伤口愈合后才能扦插，此时形成层细胞分裂处于旺盛时期，能够促进生根。在有控温设施场所内进行火龙果苗木扦插繁殖较为理想。

二、基质配制

火龙果怕涝，因此配制的基质需要疏松、透气、排水良好，以砂质壤土、腐熟的木屑和农家肥按适当的比例充分混匀为宜，基质要稍微湿润，把基质捏成团，松手即散为宜。扦插前使用 25% 多菌灵可湿性粉剂对基质杀菌消毒。

三、扦插

选取生长健壮、无病虫害和机械损伤的茎段，将茎段剪成 15 ～ 20 厘米的插条。扦插前用灭菌剂 800 ～ 1000 倍稀释液浸泡 20 ～ 60 分钟消毒杀菌，然后将插条基部肉质三棱削成楔形，并将基部肉质切去 1 ～ 2 厘米露出木质部，用生根粉溶液浸蘸 10 秒左右，置于阴凉通风处 3 天左右，待切口稍晾干后再进行扦插。扦插深度 3 ～ 5 厘米，基质完全覆盖切口木质部为宜。株行距 15 厘米 ×20 厘米，若扦插茎段不能直立，可用竹竿横于苗床上将茎段固定。

早期的扦插方式

近期的扦插方式

四、扦插后的管理

　　苗木扦插后，初期要避免暴晒雨淋，雨季最好搭建挡雨薄膜，在生根前保持土壤湿润，若基质过于干燥，可适当浇水。枝条扦插 20 天开始生根，35 天开始萌发，插条生根后要保持基质湿润，但不能积水。若枝条萌发比较晚，可以用 10 ～ 50 毫克 / 千克的 GA 或 5 ～ 20 毫克 / 千克的 6-BA 加 0.2% 尿素进行根外喷施，以打破休眠，促进萌发。为了促使枝条抽生健壮，待抽生枝条长到 4～6 厘米时适当施稀薄的粪水或腐熟有机肥水，抽生枝条长到 9 厘米左右时即可移栽，若不移栽应及时用竹竿捆绑。

第三节　嫁接繁殖

一、砧木培育

火龙果嫁接砧木一般选用量天尺，它与火龙果同属仙人掌科量天尺属植物，两者有较好的亲和性，并且量天尺在热带和亚热带地区资源非常丰富，对本地的自然环境条件适应性极强，具有较强的抗病虫害和抗逆境能力。选择健康成熟、无病害、健壮、茎肉饱满的量天尺，剪成 25 厘米左右的茎段，将基部茎肉削去 2 厘米留下木质部，剪除砧木刺座，处理过程中不能伤到木质部，在阴凉处放置 3 天，待伤口风干后扦插于营养钵或营养袋中。将扦插好的砧木置于阴凉的大棚内，适当浇水保持基质湿润，等砧木长出根系后即可进行嫁接。于晴天进行嫁接最适宜。

二、苗木嫁接

苗木嫁接可以改良或更新果树品种，调整果树品种结构，提高果实的品质和产量，提高果树的抗性，有利于植株的生长发育。火龙果的接穗枝条应选择健康的成熟枝条，嫁接要避免在雨天进行，嫁接前基质应浇透水，嫁接方法主要为插接法和靠接法。

处理嫁接砧木

（1）插接法

插接法速度快，操作方便，省工省力，成活率高，防病效果好，但对嫁接操作熟练程度要求严格，技术不熟练则会降低嫁接成活率，使植株后期生长不良。插接时，先将接穗横切成 3～4 厘米的茎段（保留 2～3 个芽点），再将接穗下端 2 厘米处一条棱的肉质部分削去，露出木质部但不伤到木质部。再在砧木基部往上约 20 厘米处用刀横切成平面，用小刀把砧木的一条棱纵向剖开，但不能削去，深度与接穗下端所削去的长度相对应，将接穗插入切口中，木质部充分对准。最后用纱布或者棉布将砧木和接穗固定。

插接法

插接后发芽

（2）靠接法

将火龙果植株茎干切成 3～4 厘米的茎段，切口成平面，待伤口风干，在砧木基部往上 10 厘米处用刀横切成平面，将接穗靠接在砧木上，对准形成层，用纱布或棉布将砧木和接穗固定，放于室内培养。在 28～30℃条件下，4～5 天伤口接合面即有大量愈伤组织形成，当接穗与砧木颜色接近，说明两者的维管束已愈合，嫁接成功，随后可移进假植苗床继续培育。

靠接法

靠接后发芽

三、嫁接苗管理

育苗床宜选择通风向阳、土壤肥沃、排灌水方便的地块，整细起畦，畦带沟宽90厘米。每亩施腐熟有机肥1500～2000千克，掺入谷壳1000千克，充分拌匀，在整地时施于畦面10～30厘米深的表土层；再将100～150千克钙镁磷肥充分拌匀，施于4～5厘米深的表土层。移栽时将嫁接苗按株行距20厘米×30厘米种于苗床，浇透水，并喷洒500倍多菌灵溶液1次。晴天时如表土层发白，则每隔7～10天浇水1次，每隔10～15天每亩施5～7千克复合肥，待长出1节茎肉饱满的茎段，即可出圃。

肥力充足的育苗床

若以容器育苗，宜将嫁接好的苗放置在阴凉的棚内培养。为了让伤口快速愈合，棚内空气湿度应保持在70%左右为宜；若湿度过大，空气过于潮湿，伤口容易感染，形成霉烂。当环境的空气过于干燥，也不能增加空气湿度，防止嫁接口过于潮湿而发生伤口感染，导致成活率下降。地面漫浸是增加空气湿度的一种安全有效的方式。若盆土不是太干燥，最好不要浇水；如盆土过于干燥必须灌水时，必须保证水不喷溅到嫁接口上。在24～30℃的条件下，嫁接5～8天后接穗与砧木颜色接近，愈伤组织基本形成，表明嫁接苗已成活，之后即可进行正常护理，25～30天后接穗开始抽发新梢，新梢长至4厘米以上即可出圃。

嫁接育苗园

嫁接苗冬季防寒补光

第四节　组织培养繁殖

组织培养是火龙果快速繁育的有效途径，其最显著的特点是繁殖速度快，适合大规模培育种苗，且组织培养能够保持母本的优良特性，遗传稳定性强，所繁殖的苗木萌发整齐，生长势差异不大，运用组织培养能极大地提高农业生产效率。但组织培养对生产技术、培养环境及培养设备要求高，生产成本高，所培养的火龙果幼苗对外界环境适应能力不高，移栽成活率有待提高。

进行组织培养：第一步，选择生长健壮的火龙果植株上的幼嫩肉质茎作为外植体，用适量肥皂水清洗，再用流动水冲洗数小时。第二步，要求在无菌条件下将火龙果的嫩茎切成 2～3 厘米的段，每个茎段带 3～5 个刺座。第三步，先用 70% 酒精消毒 5 分钟，再用 0.1% 升汞溶液消毒 5 分钟，消毒完毕用无菌水冲洗干净。第四步，用无菌的滤纸或棉花，在无菌环境下吸干茎节表面的水分，切成 2 厘米 ×2 厘米的小块。第五步，将以上处理好的茎段在无菌环境下放入培养基中接种。培养一段时间后可观察到培养基的刺座部位长出幼芽，切口处长出不成芽的白绿色愈伤组织。第六步，将上一步中观察到的幼芽切成小块继代培养，经过 4 代后将得到组培苗。第七步，将继代培养的单株从芽接种到生根培养基上。第八步，取出长出根系且生长健壮的幼苗，洗净，移栽到混合了农家肥的苗床上炼苗。

第六章　果园的建立

第一节　园地选择与规划

一、园地选择

火龙果是热带亚热带水果，耐干旱，不耐涝，喜温，适宜生长气温为25～35℃，耐寒性弱，气温低于8℃会发生冻害。因此，在园地选择时，当地的年均气温需在20℃左右，最低气温不低于8℃，避免在冷空气沉积的低地建园；土壤应具有很好的透气性、排水性，且含有丰富的有机质和矿物质，以质地疏松的砂壤土为宜，地势坐北向南，坡度小于20°，并要求水源充足，排水灌溉方便，交通发达，周边无工业污染。

选址应考虑阳光及水源充足、排灌方便等

二、园地规划

园地的规划主要有种植区（小区）划分、园区道路设置和排灌系统规划等。

（1）小区划分

大面积种植火龙果，可将园地划分为若干个小区，每个小区面积依地势而定，丘陵或缓坡地小区面积为 2 ～ 3.3 公顷，山地小区面积为 1.3 ～ 1.5 公顷。小区的形状多采用 2：1、5：2 或 5：3 的长方形，其长边应与山坡等高线走向平行。

（2）道路的设置

道路包括干路、支路和小路。干路应贯穿整个园区，并连接公路和包装场，方便运输产品和肥料。在肥源缺乏地区建园，需要专辟绿肥基地。

（3）排水灌溉系统

排水灌溉系统是园区最主要的设备，其中包括灌溉系统和排水系统。目前国内灌溉方式主要有喷鸟式喷头、软式水带、旋转式喷头和微喷系统。喷鸟式喷头的缺点是死角较多，浪费大量水资源，而且火龙果枝条下部不容易喷到水；旋转式喷头在植株幼小时期使用效果比其他灌溉系统理想，但植株长大后会挡住喷灌的水，使根部不易喷到水；软式水带价格便宜还易使用，适合广泛使用；微喷系统装置安装在距地面 0.7 ～ 1.0 米的高度，既节水又耐用，还可浇水施肥两用，为最理想的喷灌系统。无论采用哪种排水灌溉方式，都需要控制灌溉水量，因为火龙果根部容易缺氧，若积水过多容易导致烂根现象。

园区灌溉系统

果园排水系统的设置主要是解决水分过多的问题，排水能够改变土壤的结构，改善土壤的理化性质，改善果树生长所需的营养条件，还能促使土壤中的水、肥、气、热向着平稳、均匀、充足的方向发展。果园中通常采用明沟和暗沟相结合的排水灌溉方式，深度以 1 米为宜。

第二节　支架选择

火龙果为攀援性植物，无发达直立主干，主干为木质部不发达的肉质茎，野生火龙果一般攀爬在树木或岩石上。人工种植火龙果，需要搭建栽培支架来支撑火龙果主枝。

一、支柱物选择

选择支柱物时需要注意的是材质方面耐腐蚀、抗风化、抗老化和抗脆化；结构方面要坚硬牢固、耐重力和抗台风；经济方面造价便宜，成本投入低。立柱可选用钢管、混凝土或其他高强度耐用材料，连杆宜用钢绞线、钢条等高强度、高韧性和耐老化的材料，托枝线宜用大棚托膜线或钢线等韧性强、耐老化软线。

支柱架搭建时必须要重心在下，不能头重脚轻，否则容易倒塌；支柱架各点受力要均衡；柱顶棚架不宜过宽，较为理想的排距为 1.5 ～ 2.5 米，棚架过宽，不利于人行走；支架高度不宜过高，以 1.5 米为上限，一般为 1.1 米，过高容易招风，且不便采收管理。

二、支架模式

火龙果的支架模式（简称架式）直接影响田间操作和管理效率。好的架式除对火龙果植株起支撑作用外，还有利于引导火龙果茎蔓定向生长，形成良好的立体空间形态结构，以满足植株对光照和通风条件的需求，并且可协调群体生长与个体生长的矛盾，便于进行一系列的田间管理操作，最终实现优质高产的栽培目标，同时还具有造价性价比高、管理工效高等特点。不同地形适用架式不同，不同架式需配合不同的整枝方式。

目前主要的支架模式有连排（篱壁）式、单柱式和圈筒式等，其中较为理想的是连排式和单柱式。连排式能集约密集种植，速成果园和提早回收成本，较好管理，施肥灌溉较方便。连排式在平地火龙果园的应用日渐增多，其主要以水泥柱（或钢管柱）、钢绞线（或钢管、铁条）为支架材料，种植成纵向连续的树篱式。单柱式种植时不必考虑排的走向，可根据地形和日照方向选择走向，使果树受光均匀。

（1）连排式

行宽 2.5 ～ 3 米，可根据使用的田间机械型号占用的宽度做适当调整，行内每 2 米立 1 根支柱。行头第一根支柱（称为边柱）总长 240 厘米，地上高 190 厘米，粗度和耐折力应比常规柱大，冬季寒冷地区可在两头边柱上拉 1 条钢线（防寒托膜线），便于整畦覆盖薄膜，预防冷冻害；冬季无霜冻风险的地区可不设边柱和防寒托膜线，全部用常规柱。常规柱总长度 190 厘米，地上高 140 厘米，入土深 50 厘米，柱顶设连杆 1 道，连接 2 条支柱。连排式栽培架每 20 米左右设 1 个 A 形防倒支架。距地面高度 100 厘米处设 1 条与行向垂直的横担，长 80 厘米，两端各设 1 道与行向平行的托枝线。托枝线上每隔 8 厘米（可根据栽培品种的结果枝平均粗度调整）设 1 道固定扎线，长度应足以把枝条固定住。分别于距地面高 30 厘米（第一固蔓线）、65 厘米（第二固蔓线）、100 厘米（第三固蔓线）和 190 厘米处各设 1 道拉线（最高一道即防寒托膜线）。于第二固蔓线下方设喷灌管 1 条，管径 20 毫米。走向以南北为宜，使植株受光较为均匀。行距 2.5～3.0 米，在最大程度提高土地利用率的前提下，便于 100～150 厘米宽度的小型多功能耕作机在田间操作。

连排式栽培架

（2）水泥柱

水泥柱规格为 10 厘米 ×10 厘米 ×210 厘米，柱体内以钢筋支撑，顶端 10 厘米处做对称小孔，以便将来安放支撑物。平地果园根据整地所筑的畦，以 2 米 ×3 米的株行距立水泥柱，每亩立柱 110 根，水泥柱一般埋入地下 50 厘米，地上 160 厘米。立好水泥柱后，在其四周种植 4 株火龙果幼苗，每亩约种植 440 株。山地果园和平地果园种植方式不同，立柱方式也有所区别。山地果园首先要沿着等高线挖定植穴，并在定植穴处立柱（柱长 1.7～2.8 米，埋入地下 0.5～0.8 米，柱间距 2.0～2.6 米）。为了使苗木尽早上架和培养气生根，苗木枝条稍微下垂时应立即绑扎于柱子上。气温达到 25～35℃的高温地区，0.4 米长的苗木 6 个月就可长到 1.5 米，因此当枝条长长后，应以添加防晒材料的 PVC 圈等作为支撑物，将枝条固定在柱子上，让分枝自然下垂，成为结果枝。

水泥柱

（3）交叉钢筋式

使用5分的竹节钢筋，准备1.6米和3.3米2种长度的钢筋，将1.6米长的钢筋直接斜敲入土中0.5米，2支钢筋交叉成三角形，交叉处用不锈钢丝或更为牢固的马蹄形钢索夹绑紧。2组交叉钢筋相距3.3米，上方架设3.3米长的钢筋，并扎紧，头尾2组交叉钢筋可用2支斜向钢筋增强支撑，横向钢筋中段处可用直立的钢筋增强支撑。建筑用的钢筋可耐用多年，若腐蚀也可随时增强或更换。在每组钢筋脚处种植4～8株火龙果苗，让其顺着支架攀援生长，枝条生长超过横向钢筋高度时，用黑色耐紫外线尼龙绳将枝条固定在横向钢筋上，令其自然下垂，成为结果枝。

（4）其他架式

竹子支柱：可选用竹子作支撑物，但竹子易腐烂，使用2年后正值采收期。

木柱：一些能耐百年的硬木，如东南半岛的铁木、婆罗洲岛的监木或其他能耐数十年的木材，但成本高，且多为保护树种。

铁塔型：支撑架若入土不深，塔间又没有联结，抗风性较差。

单排钢架钢索式：施工较麻烦，遇到沙地时，沙土流失则结构会变松不稳定。

第三节　防风林设置

火龙果遭遇大风天气会损失严重，因此设置防风林带必不可少。根据防风林带所在的位置及防风效果，可设置主林带和副林带。

一、主林带设置

主林带的设置主要是为了防范较强风害，需要建在园区最挡风的位置上，与当地主风害方向尽量垂直，林带的走向根据主林带走向设定，主林带的宽度也需根据当地风害情况合理设置。根据种植区的地势、地形可适当调整与主风害方向垂直的林带距离，增强防风效果。在沿海地区风害较严重，可栽种 4～6 行林带，中间 2～4 行栽种高大的树种，两侧栽种较矮小的常绿树；风害较轻的地区建议栽种 2～3 行林带，林带采用乔灌混交或针阔混交的方式栽植最佳。

二、副林带设置

副林带是主林带的辅助林带，副林带一定要垂直于主林带。副林带主要防范主风害以外其他方向的有害风，目的是加强林带的防护作用。副带林设在果园内主干道及支路的两侧，可以起到辅助挡风的作用，一般由 1～2 行树组成。副林带与园区作物边行应保持一定距离，目的是防止林带根系向园内伸张及遮挡作物的光照，影响作物的生长。

防风林应在火龙果定植前 2～3 年开始建立，最晚与园区同期建立。在面积较大的种植区，只有建立更多纵横交错的林带，形成林网，才能起到全面防护的作用。另外，防风林最好与护路林、环村林及成片造林相结合，这样不仅可以节省耕地，还可以构成综合的防护林体系。

三、林带树种选择

林带树种应选用对当地风土适应性强、能够快速生长、树体高大且枝条多树冠密、生长寿命长、与火龙果无共同病虫害，并具有一定经济价值（如蜜源、绿肥、油料）的树种，也可以选种一些果树，如橄榄、柿子、余甘子等，这样可以增加收益。注意不宜选择单一的树种，且所选树种的花期不能与火龙果花期相同，否则会影响火龙果的授粉和坐果。

第四节　授粉雄株的配置

经研究统计，火龙果自花授粉的坐果率为 50%～85%，异花授粉的坐果率约为 98%。2 种不同授粉方式相比，异花授粉生长的果实一般比自花授粉的好。目前红肉火龙果在正常条件下坐果率可达到 100%，而白肉火龙果一般为自交亲和类型，坐果率远比红肉火龙果低。因为自交不亲和现象的存在，所以在种植火龙果时应选择红肉、白肉 2 种品种混合栽种，在果园内种植 2 种以上的品种，可提高坐果率和单果重。

一、授粉品种的选择标准

授粉品种要求与主栽品种有较强的亲和力，能相互授粉；容易成花，花粉量大，与主栽品种花期能够一致；结果早，果实品质要好，经济价值高且寿命长，最好与主栽品种的成熟期一致。目前授粉品种多选择越南白肉火龙果品种。

二、配置比例和距离

研究表明，火龙果主栽品种与授粉树的配置比例以（4～6）∶1为佳，如果授粉树缺乏，至少要保证配置比例为（8～10）∶1。如种植红肉火龙果时，要间种10%左右的白肉火龙果种。根据昆虫的活动范围、授粉树花粉量的大小确定出主栽品种与授粉树的配置距离，一般以6～8米为宜，花粉量少的授粉树可适当缩小与主栽品种的距离，增加授粉率。

三、配置方式

根据面积大小选择配置方式。小型果园种植火龙果时，可以采取正方形栽植方式，按照主栽品种围绕授粉品种的方式栽植。在大型果园中，按整行栽植方式栽种，通常4～5行主栽品种配置1行授粉品种。在花粉量较少的情况下，间隔的行数应适当减少，主栽品种能自花授粉的，间距行数可以适当增加。

第五节　果园整地和定植

在确定果园选址后，需进行果园整地。在坡度5°左右的平缓地，首先清除园地中的杂树和灌木，连根挖起后烧荒，然后进行深犁30厘米和粗耙，再简单划行和埋水泥柱，水泥柱行距2～2.5米、间距1.5～2米，最后在水泥柱两边或四周挖浅坑施肥。在坡度6°～20°的丘陵坡面或低山坡面，应采取等高梯面种植的方式，梯面宽1.5米以上，在梯面上按1.5～2米间距埋水泥柱，水泥柱两边或四周挖浅坑施入基肥。

果园土壤是火龙果营养生长和生殖生长的基础，关系植株营养生长的好坏及强弱，影响生殖生长的产量及品质。因此，果园土壤的管理至关重要，主要是改良土壤物理结构及培肥地力。结果前至幼年结果期的主要工作是扩坑、施有机肥（含绿肥）、改良土壤结构；盛年结果期的主要工作是保证土壤供肥供水稳定，且果园内无恶性杂草。

火龙果在春季、夏季、秋季均可进行种植，最佳种植时间为5月中下旬。种植时先埋好水泥柱，然后在水泥柱周围挖定植穴，穴内施入腐熟的有机肥，填埋表土后进行栽种，建议每穴定植1株苗。火龙果为浅根系植物，其根系是水平生长的浅根，无主根，侧根大量分布在土壤的浅表层，因此定植前不必挖大坑，也不必过深地翻动土层，定植的深度以3～5厘米为宜。定植后浇水，土壤湿度达60%～80%即可。

第七章　火龙果高产栽培技术

第一节　建园定植

一、选地

火龙果喜热耐旱，但耐寒性弱，温度在8℃以下便会发生冻害，在年均气温20～25℃的地方种植较适合。选地以地面平坦、阳光充足、土壤肥沃、排水良好、不容易结冰的山地、坡地、水田为宜，土壤酸碱度为中性或微酸，以有机质丰富的砂壤土为宜，园地要交通方便，光照充足，远离污染源。具体建园方法参考第六章的内容。

建园前期起垄、施有机肥

二、品种选择

目前火龙果的主要品种有红皮白肉类、红皮红肉类、黄皮白肉类等，共有10多个品系，其中以白肉型和红肉型两大品系为佳。

红皮白肉类：以原产于越南的品种速生、早结、丰产，但含糖量稍低、少汁、肉质稍粗；可作为授粉品种或作嫁接砧木。

红皮白肉品种

红皮红肉类：原产于美洲，经台湾引进改良的品种经济价值较高，含糖量高、多汁、肉质细腻、富含天然红色素；可作为主栽品种，但需配置授粉树。

红皮红肉品种

黄皮白肉类：原产于中美洲，果皮金黄色，果肉白色，含糖量极高、肉质细腻、香味独特；需要授粉，不授粉的果实较小，可挂树贮藏，可作为生产主栽品种。

黄皮白肉品种

　　火龙果3种主栽品种的形态特征、果实品质、成熟期及栽培性状有很大的差别，其用途及经济效益各有不同。种植时红肉品种和白肉品种混合套种，也可先种植红皮白肉类，再酌情嫁接红皮红肉类及黄皮白肉类品种，不同品种混种可以提高坐果率。

　　火龙果种苗来源困难，要获得生长健康、质量良好的种苗需进行严格的栽培。火龙果的育苗方式主要有实生育苗、扦插育苗及嫁接育苗。在生产中主要的育苗方式为扦插育苗，而实生育苗和嫁接育苗受多种因素影响，在生产中具有局限性，在生产过程中尚未表现出优势。育苗方法参照第五章的内容。

　　三、定植

　　火龙果高产、优质、高效、安全栽培的定植技术要点如下。

　　①选取自花授粉型火龙果新品种，可免除火龙果栽培过程中最耗工、最烦琐的工序，大大降低火龙果栽培对人工的依赖性。

　　②采用连排式栽培架，考虑防寒、水肥药一体化、机械化等因素。连排式能集约密集种植，速成果园和提早回收成本，较好管理，施肥灌溉较方便。具体方法参照第六章的内容。

　　③立柱栽培，方便高效。火龙果为攀援植物，需要支柱栽培，最好立水泥柱。立水泥柱种植火龙果容易管理、耐用、经济、土地使用率最高。具体方法参照第六章的内容。

④定时放梢、定时防护。植株高度不宜超过1.5米，植株长到柱顶时要打顶促枝，放梢应统一，留枝均匀，安排合理空间。在大风和严寒天气时，做好防风防寒工作。

火龙果常年均可种植，最佳种植时期为春季、秋季。定植前以立柱为中心向四周挖深45厘米左右，长、宽各75厘米的植穴，每穴施入优质有机肥12～15千克、优质塘泥25～30千克，分层回填。选择品种纯正的优质苗木，如浓绿粗壮、根系完整、长度30厘米以上的扦插苗。火龙果宜高畦浅种，在立柱四周挖5～8厘米的浅穴种下幼苗5～7株（即丛植），根植入土内3～5厘米，盖上表土并整理树盘。若选用篱架式可单行种植，株距14～18厘米。植后要浇足浇透定根水，以后每4～8天淋水1次。

填埋表土后栽植火龙果苗

第二节　果园管理

（1）新植园管理

从定植到开花前为苗期，苗期管理的主要任务是促进火龙果迅速进行营养生长，形成良好的树冠，为打花结果做好基础。火龙果定植后第一年一般不留花果，以利于主侧茎蔓快速生长形成较大的树冠，为来年开花结果做准备。为此应做好以下措施。

①保护生长点。砧木上的幼芽应及时抹除，以减少养分消耗，有利于其生长。

幼苗期应剪除侧枝，仅保留 1 个壮旺的向上生长枝，以利于集中营养快速上架。对于长势较弱的个别植株应挖除补植新苗，以增加翌年产量。

②绑苗。使火龙果苗攀附在水泥柱上，有利于生长和定形。根据枝条的生长情况，每隔 30 厘米绑缚一个点，让枝条沿水泥柱向上单枝生长。

③培育树形。当枝条超过水泥柱顶端的十字架或高出柱顶 10 厘米、枝条长 1.3 ~ 1.5 米时应进行打顶，且打顶时间不能太晚。剪去枝条顶梢，促其发出分枝，并选留 3 ~ 4 条生长健壮、方位好的枝条作为一级分枝，其余枝条剪除。一级分枝长到 60 厘米左右时再剪去顶梢或摘心，促其长出 3 ~ 4 个二级分枝。枝条长度超过水泥柱顶端和搭在铁架上自然下垂后，下垂的二级枝条即可开花、结果。

④水肥管理。苗期以水肥为好，薄肥勤施，并逐步增加施肥量。勤施薄施以氮为主的水肥，每年 5 ~ 7 次，以沤制的花生麸水肥最理想；结合防治病虫害喷施浓度为 0.1% ~ 0.5% 的叶面肥，每年 7 ~ 9 次。每年可用化学除草剂除草 1 ~ 2 次或中耕除草 5 ~ 7 次，也可间种豆科绿肥或牧草改良土壤。施肥后要结合培土，防止烧根。合理排灌，雨季及时排除积水，干旱季节每月灌水 1 ~ 2 次。

保护生长点、绑苗、培育树形

（2）结果树管理

火龙果种植一年多后就可以开花结果，每年开花 10 多次，每年的产果期为 5～10 月，种植后的第三年是果树盛果期，12 月至翌年 3 月是茎蔓恢复生长期。结果园管理要点如下。

结果树管理

①土肥水管理。为了提高果实品质，在果树开花结果期间要及时施加钾肥、镁肥，还应重施氮磷钾复合肥和腐熟有机肥，同时配合喷施新高脂膜可湿性粉剂稀释液，以提高肥料有效成分利用率，促进果实糖分积累，提高品质。其中有 3 次关键肥：一是采果肥（11 月至翌年 2 月），每株施有机肥 4～6.5 千克、复合肥约 0.6 千克、尿素约 0.3 千克，在距离植株 30～40 厘米处开深 15～20 厘米的浅沟施下。二是催花肥（3～4 月），此次施肥比采果肥量稍大，并且以磷钾肥为主，配合氮肥施下。三是壮花壮果肥（5～10 月），每株施腐熟有机肥约 0.4 千克、复合肥 0.5～1 千克、尿素约 0.1 千克，最好是施水肥，开深 10～15 厘米的浅沟施下，施 2～4 次。结合病虫害防治喷施叶面肥如尿素、磷酸二氢钾、硼砂或绿旺等，每隔 6～14 天施肥 1 次，多施叶面肥有利于花果生长发育。水分管理要注意 3～4 月适当控水以促进花芽分化，5～10 月增加水分供应以促花壮果，为保证茎蔓生长良好，在 11 月至翌年 2 月适当灌水。雨季及时排水防

止沤烂根茎，旱季 10 ～ 15 天灌水 1 次。此外，每年结合施肥松土除草 3 ～ 5 次。

②摘心疏芽。摘心的目的是促进分枝，保证产量。枝条过长时进行摘心，促发侧枝，促进分枝，使分枝自然下垂，以积累养分，提早开花结果。生长旺期，应及时将过密和较弱的新芽疏去，以减少养分消耗，保证主茎和结果枝的生长。

③整形修剪。整形修剪的目的在于保持果树的正常发育和营养平衡，保证产量。整形修剪主要是将密生枝、弱枝、病虫枝疏去，采收果实后要及时剪除病枝和产果过多的茎枝，以促进新枝条的产生，并在修剪口涂抹愈伤防腐膜，防止病菌感染侵袭，保护伤口健康愈合，以保证翌年的产量和质量。

火龙果中上部的枝尤其是下垂枝开花结果率较高，而中下部的枝很少开花结果。从枝条分布的位置来看，上部枝条生长势一般大于中下部的枝条。背上枝的生长势较其他的枝条更大些，但顶部枝和背上枝位置高，不便于绑缚，而且其生长势强，导致组织结构强度较差，容易被风吹断。因此，采用逐步撑拉吊的方法，在枝条成熟开始挂果后使其下垂，这样前半段作为营养枝，在后期可作为挂果枝使用。生产上安排 2/3 的枝条作为结果枝，在结果枝足够的情况下缩小其他枝条的生长角度，甚至抹除花芽实现营养生长，将其培养为后续结果枝。挂果较多的枝翌年再次形成大量、集中的花的可能性较小，因此应该在该枝基部形成大而强壮的分枝后，疏剪或短截衰弱的部分枝条，将其培养为营养枝。

④人工授粉。火龙果开花时间较特殊，花在晚上开放，为了提高坐果率，可以进行人工授粉。人工授粉要在傍晚花开或清晨花未闭合前进行，授粉时要遵循不伤害子房和花柱的原则。在遇到阴雨天气或缺乏授粉媒介如蜜蜂时，品种间很难相互授粉，此时也应进行人工授粉以保证产量。火龙果人工授粉较简便，可以直接取花粉抹于柱头。3 天后子房渐渐变成深绿色，6 ～ 7 天后，如果成功授粉，子房就会慢慢增大；若授粉不成功，子房变黄并脱落。

⑤疏花留果。根据一般植株有效挂果枝条的数量，以 2 个有效枝条养 1 个果为原则，进行疏花留果。疏花留果越早进行越好，主要是将过多的花芽、花蕾除去，同批花每条茎枝留 3 ～ 4 朵；谢花后将病害果、生长不均衡果实及时疏除，每隔 50 ～ 100 厘米茎蔓可留同批果 1 个，相隔 20 天左右的果可再保留 1 个。生产过程中主要用环刻法剪除凋谢的花朵，或在花谢后 3 ～ 5 天，根据授粉成功与否、子房颜色和大小的区别疏除凋谢花。

盛花期每批出现的花蕾数均较多，在每条茎枝留 2 ～ 3 个不同方位的强壮花蕾，其余的全部疏除。谢花后每枝选留 1 ～ 2 个授粉成功的健壮果实，其他的一律剪除，以提高商品果率。并在开花前、幼果期、果实膨大期各喷 1 次壮果蒂灵，以增粗果蒂，提高营养输送量。防止落花、落果、裂果、僵果、畸形果，使果实着色靓丽、果型美、品味佳。

⑥果实套袋。火龙果套袋方法很讲究，在生长初期不需要套袋，但在后期果实开始转红变软，为防止病虫害和物理、化学、动物等对其造成损伤需要进行套袋。在套袋前期首先要适当疏果，其次是喷药，喷药时要剪去干花冠，最后在果实转红时用无色透明塑料袋套上。

火龙果套袋

⑦病虫害防治。火龙果的抗病虫能力极强，但火龙果在幼苗期易受到病虫害的侵害，特别到了雨季和湿度较大的季节很容易受病菌侵害。常见的病虫害有炭疽病、蜗牛、毛虫等。火龙果一般在9～11月采果，当采收完成后要进行田园清理，主要方式是进行冬剪、清园以及喷施布可杀得、粉锈宁等杀菌剂800～1000倍稀释液加适量杀虫剂1～2次。新茎生长期至现蕾期（2～4月）喷敌百虫、氯氰菊酯、灭扫利、功夫、杀虫双等1000～3000倍稀释液，适当喷施杀菌剂，并施以氮为主的叶面肥1～3次。雨季及时排积水，药物涂抹有病害部位。台风过后、寒潮后及时喷药防治病虫，一般常用药剂为粉锈宁。火龙果种植过程中的病虫害相对较少，可以根据实际情况对症下药，如受到蜗牛啃食可进行人工清除或

喷药；当出现坏死枝条或霉变时，可进行药剂防治，并清除病枝条。

第三节　火龙果园肥水管理

（1）施肥管理

火龙果同其他仙人掌类植物一样，生长量比常规果树小。幼树（1～2年生）以施氮肥为主，以充足、少量、多次为原则，薄施勤施，促进树体生长。成龄树（3年生以上）以施磷、钾肥为主，控制氮肥的施用量。

施肥应在春季新梢萌发期和果实膨大期进行，肥料可采用枯饼渣：鸡粪：猪粪为1：2：7的配方，每年每株施有机肥25千克。或在每年7月、10月和翌年3月，每株各施牛粪堆肥1.2千克、复合肥200克。火龙果的根系主要分布在表土层，因此施肥应采用撒施法，忌开沟深施，以免伤根。此外，每批幼果形成后，根外喷施0.3%硫酸镁溶液、0.2%硼砂溶液或0.3%磷酸二氢钾溶液1次，以提高果实品质。火龙果的气生根很多，可以转化为吸收根。扩穴改土可扩宽根系分布，也可绑扎牵引诱导气生根下地。

由于火龙果采收期长，要重施有机肥料，氮磷钾复合肥要平衡并长期施用。完全使用禽畜粪肥等含氮量过高的肥料，枝条较肥厚但脆弱，遇大风时易折断，且所结果实较大且重，品质不佳，甜度低，甚至还有酸味或咸味。因此，开花结果期要增施钾肥、镁肥和骨粉，以促进果实糖分积累，提高果实品质。

（2）水分管理

火龙果在温暖湿润、光线充足的环境下生长迅速。幼苗生长期应保持全园土壤潮湿。春夏季节应多浇水，使根系保持旺盛生长状态。果实膨大期要保持土壤湿润，以利于果实生长。灌溉时切忌长时间浸灌，也不要经常从上到下淋水。因为浸灌会使根系处于长期缺氧状态而死亡，淋水会使湿度不均而诱发红斑（生理病变）。在阴雨连绵天气应及时排水，以免感染病菌造成茎肉腐烂。冬季园地要控水，以增强枝条的抗寒力。

第四节　病虫害防治

为害幼苗生长点的病虫害要提前喷药防治，害虫主要有菜青虫、毒蛾幼虫、蜗牛等。定植后的火龙果，为防止根系腐烂，在幼苗的根盘附近施放少许灭蚁灵和石灰，主要防止白蚁、蜗牛、蚜虫、金龟子等吸食切口汁液而造成损失。病虫害防治要从整个果园生态系统出发，采用生物防治与农业防治相结合的措施，有利于保护果园生态系统的生物多样性和生物平衡性，创造有利于各类天敌繁殖和不利于病虫害繁衍的环境条件，降低各类病虫害所造成的经济损失。在火龙果整个营养生长期需定期喷施一些保护性的药剂。种植过程中严禁使用基因工程品种制剂和剧毒、高毒、高残留农药。

第五节　火龙果生草栽培技术

生草栽培是指有机果园内不铺遮草网，也不拔草除草，而是种植生草代替。生草修剪也较简便，夏天生草生长过快时，每隔 20 天左右修剪 1 次，可使用背式割草机或镰刀在距地面 5 ～ 10 厘米处将其割断。生草栽培对有机火龙果的生长极为有利。

（1）保护火龙果根系

火龙果虽属仙人掌科植物，但不是沙漠植物，它的原产地是中美洲热带森林，攀援在其他树种上生长，其气生根自树皮延伸到地面，在森林充满有机质的地面上吸取腐熟的枯枝树叶作为养分。火龙果浅表的根系怕晒，因此，生草栽培有利于保护其根系。

生草栽培保护火龙果根系

（2）为火龙果供养

火龙果枝条上的气孔白天是关闭的，在炎热的夏天可减少水分散发，晚上气孔张开，吸收二氧化碳，与一般作物相反。生草夜间释放二氧化碳，供应火龙果植株，形成互补关系。

（3）提高火龙果根群耐水力

火龙果有较多气生根，需要足够的氧气才能存活。在干旱季节根系伸长至地表深处寻找水源，在雨季时易造成根缺氧腐烂，对产量和品质均有直接影响。生草栽培可以把火龙果的气生根引导至地表，可减少雨季火龙果烂根现象。

（4）提高火龙果产量

生草栽培能显著提高火龙果的产量和质量。试验证明，生草栽培的有机火龙果园与清耕果园比较，单株增产 15% ～ 30%，单果重增加 5% ～ 15%，果实可溶性固形物含量提高 10% 左右，可溶性糖提高 10%。

（5）改良土壤结构，持续提高土壤的有机质及肥力

进行生草栽培的有机火龙果园地上与地下生物量均较高，特别是白三叶、苜蓿等具有较强固氮能力的豆科植物，而且腐化分解后可较快提高土壤有机质的含量。试验表明，持续生草栽培 5 年的有机火龙果园，土壤有机质含量可由 0.5% ～ 0.7% 提高到 1.6% ～ 2.0%，有效营养元素如氮、速效磷、速效钾及各种有益微量元素的含量均明显提高，从而减少相关缺素症的发生。

生草栽培改良土壤结构

（6）防治水土流失，保肥、保水、抗旱

适宜有机火龙果园种植的白三叶、苜蓿等牧草具有根系发达、茎叶密集、覆盖性强的特点，故能防止径流和雨水冲刷，有良好的水土保持效果，尤其是山坡易冲刷地和沙荒易风蚀地，效果更为显著。

（7）调节地温，有利于火龙果维持正常的生理活动

在有机火龙果园牧草植被作用下，夏季高温期能吸收太阳直射地面的辐射能，使果园气温和地温降低，而冬季严寒期则可提高地表温度。试验表明，夏季可使地表温度降低 5 ～ 7℃，冬季可提高地表温度 1 ～ 3℃。保持土壤温度的相对稳定，有利于火龙果植株维持正常的生理活动，特别是能有效防止火龙果嫩茎叶芽发生灼伤和冻伤。

（8）改善地表条件，方便果园作业

生草栽培果园即使在雨后或灌溉后也能及时进园作业，不影响操作，提高生产效率。

（9）生产优质牧草，促进果牧结合型经济发展

有机火龙果园专用生草是优质牧草品种，适口性好，产量及营养价值高，收割后可作为牛、羊、猪、兔、鸭等食草类畜禽的优质饲草。

生草栽培提供牧草

第六节　克服火龙果大小年结果的措施

一、加强水肥管理

克服大小年结果的最根本要点是加强水肥管理，巧施追肥，重施基肥，达到改善树体营养水平的目的。主要措施：火龙果较耐旱，但仍需要保持土壤湿润，每隔 1 ～ 3 天浇水 1 次。由于火龙果根系较浅，施肥过多容易造成根系腐烂、烧根，因此应采取少量多施的施肥方式。施肥以氮肥为主，以钾肥、钙镁磷肥等为辅。为增强植株的抗性，要注意在冬季给树体保暖。开花结果后，为保证树体营养均衡，应多施肥料，以腐熟有机肥和三元复合肥为主。

二、结果大年重施花芽分化肥

火龙果植株在结果大年时会消耗大量营养，加上坐果多，养分供给出现不平衡现象，对树体和花芽分化非常不利，此时应采取的主要措施是在花芽分化前和春梢缓慢生长期追加速效氮肥。

三、结果小年重施基肥

火龙果植株在结果小年由于养分少导致花芽少，可以通过在萌芽前施放氮肥，促进花器分化发育，有利于形成花芽，但不需要重复追施花芽分化肥，以免翌年结果大年时花量过多。着重施农家肥可达到以树定产、以产定肥。此外，还需要配合根外施肥、灌水和一些水肥管理措施。

四、修剪调节

控制大小年结果的重要措施之一是适当修剪。如在结果大年时，树体应多留枝条，以消耗过度剩余的营养，也要适当疏花，使树体营养达到平衡。结果小年时要适当修剪，为保证小年有一定的产量，尽可能多留花芽，同时要保留足够的发育枝，对营养枝要多剪，延长枝也要根据生长情况重剪。

五、疏花疏果

对于火龙果植株生长弱、花和芽量大的大年结果树，只依靠修剪很难达到适合的花、叶芽比例，可以通过疏花疏果来控制。结果大年时疏花疏果有利于合理减少负载量，提高果品质，是克服大小年结果的一种非常重要的措施。盛花期至末花期是进行疏花的最佳时期，疏果的最佳时期是谢花后 1 周至谢花结束后 1 个月。在自然条件下，留花数量要比实际量多 35% ～ 45%，疏果应该按照 2 ～ 4 条枝留 1 个果的原则进行。有两种疏花疏果办法，一是按照距离的大小疏花疏果，即枝条上每 15 ～ 20 厘米留 1 个花果；二是按照树冠体积疏花疏果，以每立方米树冠留 21 ～ 32 个花果为宜。应根据树体的负载量选择，并加强田间管理、水肥平衡管理，也需要根据树体的生长状况和品种特点，使植株营养平衡，花果营养平衡和数量平衡。这样可以很好地控制果树大小年现象。

六、人工授粉

人工授粉是可控制大小年结果的有效措施之一，在温度较低、降水量大的结果小年进行可保证当年产量。盛花初期至盛花末期是进行人工授粉的合适时期，间隔 2 ~ 3 天授粉 2 次。授粉方式以人工点授为主，以喷粉授粉或喷雾授粉为辅。

七、病虫害防治

病虫害导致火龙果植株变得衰弱，生长发育受到影响，是造成火龙果大小年结果的重要原因。腐烂病的发生会导致植株生长不协调，结果率大大降低，严重时导致植株死亡，甚至会毁掉整个果园。病虫害主要防治措施如下。

①引种无病苗木，种植前进行田间清理去除病虫枝和修剪清园。

②多施加腐熟有机肥和磷钾肥，增强植株抗病能力；及时排除田间积水。

③主要防治火龙果炭疽病、枯萎病，可用波尔多液、多菌灵溶液等进行喷施；软腐病和疮痂病、溃疡斑等病害可用铜大师、石硫合剂等进行防治。

只有加强水肥管理和病虫害综合防治等措施，才能有效克服大小年结果现象。

第七节 火龙果补光反季节生产技术

一、目的和作用

火龙果是光敏感作物，针对日照条件不充足，可通过夜间模拟自然光照补充光照，从而诱导火龙果生长，促进果实增重，提前出果。自 2015 年开始，为了让火龙果错峰上市，以广西种植户为代表的国内火龙果种植基地，纷纷开始通过补光诱导生长的措施进行反季节生产，获得高价售出的机会。其中，春季补光具有促进花芽提前分化，提高前 2 批开花数量，提高坐果率，达到早出花、早产果的作用。冬季补光则可以延后多开 1 ~ 2 批花，加快生长速度，增加产量。

补光促进开花

二、操作方式

火龙果开花所需的最低气温高于 18℃，广西、海南、云南、广东、贵州等各大主产区，因为光照、气温等自然条件不同，采取的补光操作方式也有所差别。

以广西为例，广西春季补光起止时间为 2 月中至 5 月初，冬季补光起止时间为 9 月中旬至 12 月，具体起止时间视实际温度而定。

不管是冬季补光还是春季补光，都是在太阳下山前开灯。不同的是，冬季补光时间前期可只开 3 个小时，而后随着冬季日照逐渐减少，开灯补光时长逐步加长至 6 个小时；春季补光时长的安排则相反。

补光设施

据调查，广西个别基地因受变压器容量限制，因地制宜地采用隔行补光的措施：上半夜隔行开，下半夜开上半夜未开过的灯，同样也取得较好的补光效果和经济效益。

三、投入及产出情况

据不完全统计，广西火龙果补光，每亩所用灯具的总功率约为 2000 瓦，一天消耗电量 6～12 度，农用电费按 0.39 元/度计，每亩折合投入成本 2～4 元/天，冬季 3 个半月的补光成本为 210～420 元/亩，一般生产年后最早的 1～2 批果，气候条件合适的情况下，每批亩产 600～750 千克，相对自然开花的坐果率和产量较高，相差最高可达 15 倍。而此时市面上货量少，价格是平时地头售价的数倍，如 2019 年地头补光果均价约为 6 元，补光产生的亩产值相当可观。

四、补光所需设施设备及费用

目前补光的费用每亩为 3000～4000 元，包含灯具、电缆及其他配件的费用。不少火龙果基地的灯光五颜六色，这是在原始光谱"蓝色"的基础上，人为用不同的配光材料调出来的。火龙果补光有讲究，光谱不同，效果也有所差别，因此在光谱选择和配比上，火龙果种植基地普遍外请专业厂家来完成。整体而言，适合用来给火龙果补光的光谱主要为蓝光和橙红光。在蓝光和橙红光的波段中，只有一小段对火龙果的补光效果最佳，其余部分效果一般。具体选择什么波段，蓝光与橙红光的比例多少，取决于厂家对火龙果补光技术的认知水平和技术实力。

第八章　火龙果病虫害防治及自然灾害防护

第一节　火龙果病害防治

火龙果侵染性病害主要有真菌性病害、细菌性病害和病毒性病害 3 种，其中真菌性病害约占 80%。由于病源不同，其防治措施和药剂使用也不同。因此，正确识别、诊断病害，是作物病害防治的关键。

真菌性病害是植物病害中发生频率最高、最常见的一种，可分为低等真菌性病害和高等真菌性病害。真菌性病害主要特征如下。

①有病斑存在于植株的各个部位。病斑形状有圆形、椭圆形、多角形、轮纹形或不规则形。

②病斑上有不同颜色的霉状物或粉状物，如白色、黑色、红色、灰色、褐色等。

细菌性病害症状表现为萎蔫、腐烂、穿孔等，细菌性病害没有菌丝、孢子，病斑表面没有霉状物，这是诊断细菌性病害的主要依据。细菌性病害主要特征如下。

①叶片病斑无霉状物或粉状物。这是真菌性病害与细菌性病害的重要区别。

②根茎腐烂出现黏液，并发出臭味。有臭味为细菌性病害的重要特征，如大白菜软腐病。

③果实有溃疡或疮痂，果面有小突起。例如番茄溃疡病、辣椒疮痂病。

④根部青枯，根尖端维管束变成褐色。例如辣椒青枯病。

病毒性病害种类较少，但为害大、分布广、防治难、无特效药。病毒性病害的主要特征如下。

①花叶表现为叶片皱缩，有黄绿相间的花斑；黄色的花叶特别鲜艳，绿色的花叶为深绿色；黄色部位都往下凹，绿色部位往上凸。

②厥叶表现为叶片细长，叶脉上冲，严重者呈线状。

③卷叶表现为叶片扭曲，向内弯卷。

近年来火龙果已成为颇受欢迎的热带水果之一，随着大量的种植，也出现了病虫害。科研学者对火龙果病虫害的种类和发生规律进行了调查研究，认为火龙果病虫害较少，几乎可以不使用任何农药和激素也能满足其正常营养生长和生殖生长，但还是会出现一些病害。火龙果病害主要有炭疽病、疮痂病、软腐病、枯萎病、茎枯病、溃疡病、基腐病等。防治茎枯病、炭疽病和枯萎病均可采用波尔多液、扑霉灵、咪鲜胺锰盐、甲基托布津、代森锰锌、多菌灵等，防治软腐病、疮痂病及溃疡病可采用铜大师、络氨铜、农用链霉素、代森锌等。下面介绍火龙果的病害，并提出相应的防治措施。

1. 炭疽病

（1）炭疽病症状

火龙果炭疽病一般在温暖潮湿的环境下易发生，如常年下雨的地区或利用喷灌方式灌溉的果园较易发生。炭疽病可发生于茎部表面及果实上。茎部初感染时茎组织会发生病变，产生大量红色病斑，形成茎组织病变；中后期病斑逐步扩大，直至连成一片，出现黄色或白色圆形斑点，但很快干枯变为黑色，并突起于茎表皮；后期病斑扩大而相互连成片，逐渐变为灰褐色，并在上面产生小黑点。果实上发病的症状，初为暗绿色水渍状小点，后扩大为圆形或椭圆形暗褐色的凹陷病斑，最后凹陷处发生龟裂、皱缩、腐烂或畸形。

炭疽病为害火龙果果实

炭疽病为害火龙果茎干

（2）发病规律

病菌以分生孢子盘和菌丝体在病残体或病部上越冬，越冬期不明显。初次侵染和再次侵染接种体为分生孢子，主要借助风雨或昆虫活动传播，人为因素也有利于孢子飞散传播。低温干旱环境不利于发病，主要在高温多湿的环境中发病，最适生长发育温度为25℃。

（3）防治措施

①对发病的植株应及时清除染病茎节，彻底清除并烧毁。

②增施磷、钾肥，避免施用未充分腐熟的土杂肥。

③在发病初期进行喷药防治，药剂可选用50%施保功（咪鲜胺锰盐）可湿性粉剂1500倍稀释液、70%甲基托布津可湿性粉剂600倍稀释液、10%世高（苯醚甲环唑）水分散粒剂1500倍稀释液。在发病期每隔7天喷药1次，连喷2~3次。

2.疮痂病

（1）疮痂病症状

火龙果疮痂病一般在茎部和果实上发生。在茎部感染时，先出现水浸状绿色斑点，之后逐渐发展为长椭圆形，中央出现砖红色坏死斑或铁锈色坏死斑，略突起；严重时会直接伤害到肉质茎，危及整株植株的生长。该病多发生在老茎，幼嫩茎一般不发病。在果实上发病，刚开始在表面出现水浸状褪绿斑点，随后变为黄褐色或黑褐色木栓化，病斑连片生长，最终形成大块病斑。如在果柄与果实连接处发生病害，则容易落果。

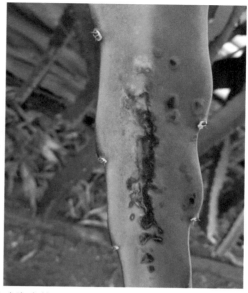

火龙果疮痂病为害状

（2）发病规律

病原菌在病残体、杂草上越冬，病残体中的病菌可在土壤中存活数月。病菌借助风、灌溉、雨水、土杂肥及农事操作等传播，也可以借助介体昆虫传播。病原菌一般经气孔或伤口侵入，高温多湿或暴雨过后易流行。连作地、低洼地、土质黏重、缺肥或植株生长不良的地块发病严重。

（3）防治措施

①连阴多雨时要注意排水，增加通风。

②多施有机肥，并施足钾肥。

③在发病初期及时施药防治，可选择 2% 加收米（春雷霉素）水剂 1000 倍稀释液、12% 绿乳铜（松酯酸铜）乳油 800 倍稀释液、53.8% 可杀得（氢氧化铜）2000 干悬浮剂 1500 倍稀释液等。

3. 软腐病

（1）软腐病症状

火龙果软腐病多发生在植株中上部的嫩节，严重为害植株。由伤口侵染引起，与虫咬和其他创伤有关。病茎感染初期呈半透明水渍状斑点，后逐渐变为褐色并迅速扩张，症状如热水烫伤，病叶呈充水状，用手轻压即破裂并有分泌物流出；潮湿情况下，病部流出黄色菌脓，后期病部组织出现软腐状，并发出恶臭。软腐病对植株的为害严重，常造成发病茎节腐烂甚至向下或向上蔓延至其他茎节。如果苗期管理不善，田间土壤湿度过大，则发病普遍。该病在高温潮湿的情况下扩散迅速，因为在这种情况下病菌繁殖与传播速度极强，3～5天内即可造成整片腐烂。

火龙果软腐病为害状

（2）发病规律

病菌主要在病残体上越冬，成为翌年的侵染源。以水分与发病关系最为密切，多雨潮湿或土壤水分过多，有利于病菌的繁殖、传播和蔓延，会造成该病的暴发流行。温度也是影响火龙果软腐病发生的重要因素，温度过低不利于伤口的愈合，为病菌侵染创造了有利条件。火龙果软腐病一般从10月就开始发病，到翌年1月下旬至3月上旬是发病盛期，至4月气温回升时病情减轻。该病具有发病急、蔓延快、为害大的特点，若不及时采取有效的防治措施，将会造成减产减收，严重影响火龙果生产。

火龙果软腐病的病原菌是欧文氏菌属（*Erwinia*），经过观察，病部有大量明显的菌脓，镜检组织中有细菌溢出，革兰氏反应呈阴性，短杆状。

（3）防治措施

①及时清洁田园，尤其要把病果清除并带出田外烧毁或深埋。

②培育壮苗，适时定植，合理密植。雨季及时排水，尤其下水头不要积水。

③保护地栽培要加强放风，防止棚内湿度过高。

④及时喷洒杀虫剂防治棉铃虫等蛀果害虫。雨前雨后及时喷洒72%农用硫酸链霉素可溶性粉剂4000倍稀释液、新植霉素4000倍稀释液、50%琥胶肥酸铜可湿性粉剂500倍稀释液、77%可杀得可湿性微粒粉剂500倍稀释液、47%加瑞农可湿性粉剂800～1000倍稀释液、30%碱式硫酸铜悬浮剂400倍稀释液等。采收前3天停止用药。

4. 枯萎病

（1）枯萎病症状

火龙果枯萎病在整个生长期都可发生，开花期至结果期病情最严重。起初在茎节的顶端发病，而后向下扩展。植株出现枯萎症后生长缓慢，茎节失水导致褪绿变黄，前期白天植株萎蔫夜间恢复，病部形成褐色长条形病斑，可发生分裂并分泌黄色胶状物，潮湿情况下病斑上可生粉红色霉层，随后逐渐干枯，直至整株枯萎死亡；后期植株早晚均不能恢复，并很快枯死。

火龙果枯萎病

（2）发病规律

病菌主要以菌丝体和孢子在土壤及病残体上越冬，营腐生生活，可在土中长期存活。此外，由于地势低洼，土中积水或因连续阴雨造成幼苗根系缺氧而窒息腐烂，造成地上部分枯萎。病菌在田间主要通过土壤、流水传播，从植株根部的伤口侵入，逐渐在同一地块中部蔓延扩展。其发育的最适温度为 20～25℃，空气相对湿度 90% 左右。

（3）防治措施

在发病初期开始喷药，药剂可选用 70% 甲基托布津可湿性粉剂 600 倍稀释液、10% 世高（苯醚甲环唑）水分散粒剂 1500 倍稀释液、50% 施保功（咪鲜胺锰盐）可湿性粉剂 1500 倍稀释液等。

5. 茎枯病

（1）茎枯病症状

火龙果茎枯病多发生于中下部茎节。最初在植株棱边上形成灰白色针尖大小的不规则病斑，上面生许多小黑点，中间部位稍凹陷并逐渐干枯，最终出现缺口或孔洞。

火龙果茎枯病

（2）防治措施

①保护无病区。严禁从无病区向有病区调种、引种，选育无病种苗。

②种植或选育抗病优质品种，是防治火龙果病害最经济有效的措施。

③清除病残枝及田间杂草，保持田间卫生，减少田间病源。

④加强肥水管理，侧重避免漫灌和长期喷灌，漫灌会造成根系长期处于缺氧状态而死亡；喷灌会造成果园湿度增大，有利于病害的发生。最好采用滴灌技术，起垄栽培，施用腐熟有机肥，增施钾肥，提高植株抗病性。

⑤化学防治。在发病初期对病株喷药，药剂可选用 10% 世高（苯醚甲环唑）水分散粒剂 1500 倍稀释液、70% 甲基托布津可湿性粉剂 600 倍稀释液、50% 施保功（咪鲜胺锰盐）可湿性粉剂 1500 倍稀释液等。

⑥生物防治。为了防止病原菌产生抗病性，尽量采用生物防治和栽培技术措施，减少农药施用量。在种植前，可对栽种的种苗用 50 毫克 / 升的多菌灵可湿性粉剂溶液浸 10 分钟，再进行定植。

6. 溃疡病

（1）溃疡病症状

火龙果溃疡病在果园中普遍发生，且植株发病率在 55% 以上。发病初期病斑为红色的针尖大小点，散生于茎表皮下，后发展成橘红色圆斑点，略突起。火龙果溃疡病属真菌性病害，从果树的新抽嫩枝条到开花结果期间均可发生。

枝条症状：发病初期，嫩枝上出现圆形凹陷直径 1 ~ 1.5 毫米的黄斑点，后黄斑点逐步扩大，1 周左右黄斑中心出现小红点，随着病情严重小红点逐步突起，相邻的几个病斑甚至会连成大块病斑。病斑老化后，周围木栓化，长出许多黑色小点，内藏许多断生孢子和分生孢子，是病菌的主要传播器官。发病后期，有的病斑在高温高湿时周围组织溃烂，干褐后脱落导致枝条形成空洞。严重时病斑不断上下蔓延，最终造成整个枝条溃烂腐败。

果实症状：初期症状和枝条表现相似，即出现圆形凹陷黄点，随着中间红点突起，多个病斑会连成大块褐色斑块；严重时，褐色斑块会形成龟裂的结痂硬块，令果实失去商品价值。

溃疡病为害果实

（2）发病规律

溃疡病的传播途径为雨水、土壤、空气等。发生火龙果溃疡病的主要原因为高温高湿。下雨时，枝条或果面等超过 1 天以上无法干燥；老枝条上有陈年旧病斑易造成再次感染。土壤是一个非常重要的传染源，特别是偏酸的土壤环境更适合致病菌存活，在适宜的条件下很容易感染新苗。土壤 pH 值低于 5.5 时，钙、钾等元素的活性受到抑制，植株表皮氮素偏多时其抗病性非常差，也特别容易导致溃疡病暴发。

（3）防治措施

每个火龙果基地都需要进行火龙果溃疡病预防的常态化管理，最有效的措施是系统性地通过微生物菌、肥料、杀虫剂的综合使用来改良土壤，增加植株抗病力，减少病害孢子侵害率。其次才是在物理干预的基础上，平均每 12 天进行 1 次化学防治。具体措施如下。

①选择砂质土壤。火龙果果园选址前，应尽量选择砂质土壤建园，尽可能让土壤保持较少的含水量。土壤水分过多，会导致火龙果抵抗力下降。

②选择抗性较高的品种。目前没有对溃疡病高抗的火龙果品种。相对而言，白肉火龙果比红肉火龙果抗性高，可适量种植白肉火龙果。红肉火龙果品质较高，单价也高，果农偏向种植红肉火龙果，这也是导致火龙果溃疡病发生越来越频繁的原因之一。

③加强农业防治，施有机肥。施肥应以有机肥为主，视土壤肥力条件施用钙肥、钾肥等，可以增加火龙果茎干蜡质层厚度，提高抗性。

④定期进行杀菌消毒。火龙果溃疡病的病菌在冬季活性弱，不易侵染和蔓延，很容易被药剂杀灭，且比较彻底，能明显减轻翌年溃疡病的发生和为害，起到事半功倍的作用，因此冬季是防治的最好时机。要定期使用保护性的杀菌剂对果园土壤杀菌消毒，保护未被病菌感染的火龙果。要注意的是，应在作物没有接触到病源或病害发生之前防治才能起效，可选用多菌灵、石硫合剂等。雨后容易滋生病害，应对果园进行杀菌消毒。日常管理中，要及时将腐烂枝条、杂草清除，运出果园处理，并对伤口喷药保护。

⑤化学防治。火龙果嫩茎抽生期、花蕾幼小期和幼果生长期是喷药防治的最佳时期。在夏季遇连日雨天或台风雨天气时，应趁天晴及时对叶面喷洒 1.8% 辛菌胺乙酸盐 800 倍稀释液、50% 氯溴异氰脲酸 800 倍稀释液或 33.5% 喹啉铜 1500 倍稀释液等进行防治。平时注意检查火龙果的茎和果实，发现有疙瘩状物出现时，应喷洒 20% 噻森铜 600 倍稀释液、6% 春雷霉素 800 倍稀释液、20% 噻菌铜 600 倍稀释液或 46.1% 氢氧化铜 1000 倍稀释液等进行防治，均匀喷洒所有的茎和果实，以有水珠往下滴为宜。每 7 ～ 10 天喷 1 次，连喷 2 ～ 3 次。如植株已感染溃疡病，可用百枯净和石硫合剂等喷施，一般每隔 10 ～ 15 天喷 1 次，共 2 次。

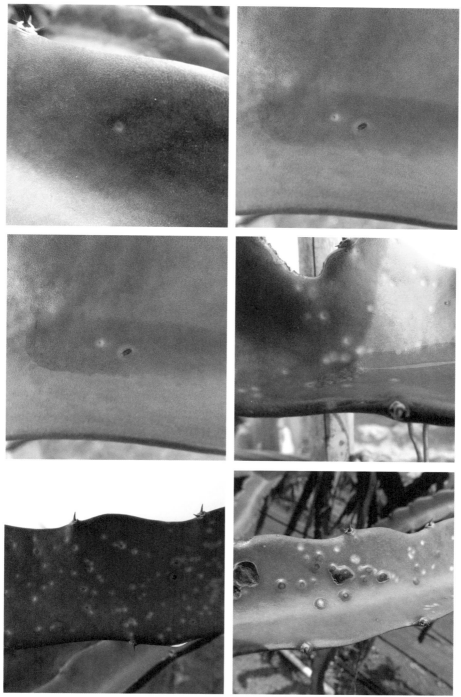

火龙果溃疡病发病史

7. 基腐病

（1）基腐病症状

火龙果基腐病主要发生在火龙果基部，植株被病菌感染后发生腐烂，组织变褐色，严重时仅剩中央主要维管组织。该病病原菌属腐败病菌，主要生存在土壤中，遇水会感染茎基部，造成为害。因此茎部接触地表附近的部分易发病，受侵染后茎肉组织腐烂。

（2）防治措施

①要保持果园土壤清洁，避免将修剪下的病茎或病果遗留在田间。

②避免在近茎部附近施用除草剂，防止茎表皮被污染。

8. 煤烟病

（1）煤烟病症状

火龙果煤烟病发病初期枝条、刺座产生小霉斑，暗褐色，随着病情发展黑霉布满枝条，似覆盖一层煤烟灰。果实受害，鳞片尖及果面被一层黑霉覆盖，影响光合作用。高温多湿、通风不良、管理粗放、荫蔽潮湿及蚜虫、蚧壳虫等分泌蜜露的害虫多发时，易发病。病原菌在发病位置越冬，翌年孢子通过风雨、水、昆虫等传播。

煤炱属的霉层为黑色薄纸状，易撕下和自然脱落；刺盾属的霉层如锅底灰，用手擦拭即可脱落，多发生于叶面；小煤炱属的霉层则呈辐射状、黑色或暗褐色的小霉斑，分散在叶片腹面、背面和果实表面。

（2）防治措施

①发病初期可用苯甲·嘧菌酯1500倍稀释液+70%嘧霉胺1500倍稀释液+有机硅助剂3000倍稀释液喷雾，或用苯甲·嘧菌酯1500倍稀释液+抑菌脲600～800倍稀释液+有机硅助剂3000倍稀释液喷雾。

②煤烟病的发生与分泌蜜露的昆虫关系密切，防治蚜虫、蚧壳虫等是减少发病的主要措施。适期喷用高效氯氟氰菊酯300克+3.2%阿维菌素400克+有机硅助剂100克+飞电200克，兑水400千克，对蚂蚁、棉蚧、蚜虫等进行防治。

③种植不宜过密，适当修剪，保持园区通风透光良好，降低湿度，切忌环境湿闷。

④做好冬季清园。清除已经发生的煤烟病株，也可用70%嘧霉胺1500倍稀释液喷雾，或对叶面撒施石灰粉，可使霉层脱落，或喷3～5波美度的石硫合剂。

9. 根腐病

火龙果根系分布浅、根系弱，生产管理中易发生根腐病。火龙果根腐病具有发病快、传播快、为害重的特点，严重时可导致火龙果大幅减产，甚至全园死苗。

（1）发病原因

造成火龙果根腐病的因素较多，主要为浇水过多过勤、施肥过浓、栽植过深、地下害虫为害、机械损伤、施用未腐熟的有机肥等。

（2）发病规律

火龙果根腐病全年均可发生，主要集中在 3～5 月，此时地表温度回升，适宜火龙果根系和植株生长；同时，浇水施肥频率增加、农事操作频繁、病菌传播、害虫繁殖等构成了火龙果根腐病发生和传播的各种条件。

（3）防治措施

①水分管理。浇水应结合不同季节确定浇水次数、浇水量和间隔期，切忌浇水过勤和过多而造成沤根、烂根。

②施肥管理。施化学肥料应遵循薄肥勤施的原则，不可一次贪多。同时，火龙果生长要求土壤含较多有机质，施用的有机肥应充分腐熟（最好施用商品生物有机肥），施肥时避免与根系直接接触。

③规范农事操作。尽量减少对火龙果根系的机械损伤。

④防治地下害虫、根结线虫。蛴螬用 5% 氯氰菊酯 1500～2000 倍稀释液灌根防治，根结线虫用阿维菌素灌根防治。

⑤灌药防治根腐病。已感染根腐病的植株可采用 30% 恶霉灵水剂 1500～2000 倍稀释液 + 含氨基酸水溶肥 1500～2000 倍稀释液灌根，每株灌 1.5 千克药液，视情况灌根 1～2 次，防治根腐病，促发新根。

第二节　火龙果害虫防治

1. 介壳虫

介壳虫是同翅目介壳虫总科昆虫的统称，主要有矢尖蚧、吹绵蚧、草履蚧、堆蜡粉蚧。

（1）形态特征

雌虫无翅，足和独角均退化；雄虫有 1 对柔翅，足和触角发达，无口器。体外被蜡质介壳。卵通常埋在蜡丝块中、雌体下或雌虫分泌的介壳下。

（2）为害症状

介壳虫是世代重叠高繁殖能力的害虫，一旦发生则较难彻底清除，为害较大。蚧壳虫一般为害叶片、枝条，有时也为害果实，常以群集方式在嫩梢幼芽上取食。蚧壳虫一般是雄性有翅，能飞，雌虫和幼虫一经羽化，终生寄居在枝叶上为害，造成叶片发黄、长势衰退、枯萎，且易诱发煤烟病。

（3）发生规律

介壳虫每年发生 3 ～ 4 代。初龄若虫在 3 ～ 4 年生枝条和当年生枝条基部主干皮缝、树孔、果柄基部越冬，翌年 4 月中下旬出蛰为害幼嫩枝叶，5 ～ 9 月为各代若虫为害盛期，以第三代若虫为害最严重。

（4）防治措施

①加强植物检疫。在自然情况下，介壳虫活动性小，其自身传播扩散能力有限，分布有一定的局限性。但随着生产的发展，花卉交换、调运频繁，人为和远距离传播病虫害的机会日益增多。检疫工作规定花卉不带危险性病虫（含各种繁殖材料）方可运输。如发现病虫，应采取各种有效措施加以消灭，防止进一步传播扩散。

②人工防治。在栽培花卉的过程中，发现有个别枝条或叶片有介壳虫，可用软刷轻轻刷除，或结合修剪，剪去虫枝、虫叶。要求刷净、剪净、集中烧毁，切勿乱扔。

③化学防治。用尼古丁、肥皂水洗刷。用小竹棍绑上脱脂棉或用小棕刷刷去粉蚧。除火龙果植株开花期外，采用喷洒浇水的方法，可防治堆蜡粉蚧的侵害。药剂可交替使用 22% 氟啶虫胺腈 4500 ～ 6000 倍稀释液、螺虫乙酯 1000 ～ 2000 倍稀释液、25% 噻嗪酮 1000 ～ 2000 倍稀释液等。

2. 黑刺粉虱

（1）为害症状

黑刺粉虱属同翅目粉虱科，主要为害植株的茎，从茎中吸食汁液，从而影响植株生长。在火龙果茎尖、棱的边缘处常有白粉状黏附物，初期是小白点，随着虫害发生的严重，白点会逐渐扩大。

（2）防治措施

①农业防治。可采取增施有机肥，并配施氮、磷、钾肥防治；当出现害虫时，适时修剪以防繁育。

②适当降低种植密度，加强火龙果的水肥管理和改善通风条件，增强树势，提高抗虫能力。

③喷洒化学药剂进行杀害，选用药剂与防治介壳虫相同。

3. 红蜘蛛

（1）形态特征

红蜘蛛的分布极广泛，其食性杂，为害的植株品种多达 110 多种，对火龙果植株主要为害新梢。雌螨深红色，椭圆形。越冬卵红色，非越冬卵淡黄色，较少。越冬代若螨红色，非越冬代若螨黄色，虫体两侧有黑斑。其适应性强、繁殖率高、易产生抗性，历来防治都较困难。

（2）防治措施

在第一代幼虫发生期，用石硫合剂和水胺硫磷配制成混合药液喷洒防治红蜘蛛，效果显著。该混合药剂的制作方法：首先配制第一种试剂，用石硫合剂原液与 750 ～ 1000 千克水调制成 0.1 ～ 0.2 波美度石硫合剂；再往第一种试剂中混入 45% 水胺硫磷乳油 500 毫升，即成为 1500 ～ 2000 倍稀释液的混合药液。

4. 斜纹夜蛾

（1）形态特征

成虫：体长 14 ～ 20 毫米，翅展 35 ～ 41 毫米。头胸灰褐色或白色，胸部背面灰褐色，被鳞片及少数毛。前翅褐色，花纹多，内横线和外横线白色，波浪状，中间有明显的白色斜阔带纹。足褐色，各足胫节有灰色毛，均无刺，各节末端灰色。腹部背面褐灰色，第一、第二、第三节背面有褐色毛簇，主要为鳞片。

卵：粒半球形，直径 0.4 ～ 0.5 毫米，初产时黄白色，后转为淡绿色，孵化前紫黑色。卵块形状不一，外有驼色绒毛。

幼虫：老熟幼虫体长 35 ～ 51 毫米，头部黑褐色，胸腹部颜色因寄主和虫口密度不同而异，胸足近黑色，腹足暗褐色。

蛹：长 15 ～ 20 毫米，赤褐色至暗褐色，气门黑褐色，椭圆形隆起。腹部气门后缘为锯齿状，其后有 1 个凹陷的空腔。腹部末端有 1 对弯曲的粗刺，刺基分开，尖端不成钩状。

（2）生活习性

成虫：斜纹夜蛾成虫终日均能羽化，以 18 ～ 21 时最多。羽化后白天潜伏于作物下部、枯叶或土壤间隙中，夜晚外出活动，取食花蜜补充营养，1 ～ 3 天后交尾产卵，也有少数成虫羽化后数小时即可交尾产卵。卵多产于高大、茂密、浓绿的边际作物上，中部着卵多，顶部和基部较少，以植株中部叶片背面叶脉分叉处最多。每头雌成虫可产卵 8 ～ 17 块，每块 1000 ～ 2000 粒，最多可达 3000 粒。成虫飞翔力强，受惊后可做短距离飞行，一次可飞 10 多米远。成虫对黑光灯趋性很强，对有清香气味的树枝和糖醋等物也有一定的趋性。

卵：卵发育历期，22℃约 7 天，28℃约 2.5 天。

幼虫：幼虫晴天早晚为害最盛，中午常躲在作物下部或其他隐蔽处，阴天可整天为害。初孵幼虫群集为害，啃食叶肉只留下表皮，呈纱网透明状，也有吐丝下垂随风飘散的习性；3 龄以上幼虫有明显的假死性；4 龄幼虫食量剧增，占幼虫期总食量的 90% 以上，当食料不足时有成群迁移的习性。幼虫发育历期，21℃约 27 天，26℃约 17 天，30℃约 12 天。老熟幼虫入土筑土室化蛹，入土深度一般为 1 ～ 3 厘米，土壤板结时可在枯叶下化蛹。

蛹：蛹发育历期，28 ～ 30℃约 9 天，23 ～ 27℃约 13 天。

（3）为害症状

幼虫食叶为主，也咬食嫩茎、叶柄，发生严重时，常把叶片和嫩茎吃光，造成严重损失。

（4）发生规律

斜纹夜蛾是一种喜温性害虫，其生长发育最宜温度为 28 ～ 30℃，相对湿度 75% ～ 85%。38℃以上高温和冬季低温，对卵、幼虫和蛹的发育都不利。当土壤湿度过低，含水量在 20% 以下时，不利于幼虫化蛹和成虫羽化。1 ～ 2 龄幼虫如遇暴风雨则大量死亡。蛹期大雨、田间积水也不利于羽化。田间水肥好，作物生长茂盛的地块，虫口密度往往较大。斜纹夜蛾抗寒力弱，在 0℃左右长时间低温条件下，基本不能生存。

（5）防治措施

①农业防治。及时翻犁空闲田，铲除田边杂草。在幼虫入土化蛹高峰期，结合农事操作进行中耕灭蛹，降低田间虫口基数。在斜纹夜蛾化蛹期，结合抗旱进行灌溉，可以淹死大部分虫蛹，降低虫口基数。在斜纹夜蛾产卵高峰期至初孵期，采取人工摘除卵块和初孵幼虫为害的叶片，带出田外集中销毁。合理安排种植茬口，避免斜纹夜蛾寄主作物连作。

②物理防治。成虫盛发期，采用黑光灯、糖醋酒液诱杀成虫。

③综合防治措施。利用飞虫的趋光性，在夜间利用灯光进行诱杀。在成虫大量发生期，先在树下撒 30% 甲胺磷粉，然后再震动枝条，使成虫落地触药死亡。也可以利用药物进行喷洒驱杀。

黑光灯防治斜纹夜蛾

糖醋酒液诱杀斜纹夜蛾

5. 蜗牛类害虫

蜗牛又名蜓蚰螺、水牛，是非常常见的有害软体动物，全国均有分布，雨水多时更为普遍。火龙果的嫩梢、枝条、花和果实均可受到蜗牛的为害。

防治措施：人工捕杀，以蜗牛喜食的白菜诱杀，喷洒 5% 食盐水驱杀，地面撒石灰驱杀。

火龙果树被蜗牛啃食状

基地养鸭防治蜗牛

6. 金龟子

金龟子等飞虫类害虫具有种类多、分布广、适应性强、食性杂、生活隐蔽的特性，较难防治。这类害虫主要为害火龙果的茎。为害火龙果的主要有铜绿金龟子和红脚金龟子，1年发生1代，成虫或老熟幼虫于土中越冬。

7. 蛴螬

（1）形态特征

蛴螬个体肥大，体形弯曲呈C形，多为白色，少数为黄白色。头部褐色，上颚显著，腹部肿胀。体壁较柔软多皱，体表疏生细毛。头大而圆，多为黄褐色，生有左右对称的刚毛，刚毛数量的多少常为分种的特征。

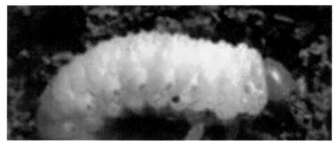

蛴螬

（2）生活习性

蛴螬在土中越冬，成虫即金龟子，白天藏在土中，晚上8～9时进行取食等活动。蛴螬有假死性和负趋光性，并对未腐熟的粪肥有趋性。成虫交配后产卵于松软湿润的土壤内，以水浇地最多。

蛴螬的地下活动与土壤温湿度关系密切。当土温达5℃以上时开始在土表活动，13～18℃时活动最盛，23℃以上则往深土中移动，秋季土温下降至其活动适宜范围时，再移向土壤上层。因此蛴螬对作物的为害在春季和秋季最重。蛴螬在土壤潮湿时则活动加强，尤其是连续阴雨天气，春季、秋季在表土层活动，夏季时多在清晨和夜间到表土层活动。

（3）发生规律

成虫交配后10～15天产卵，产在松软湿润的土壤内，以水浇地最多，每头雌虫可产卵100粒左右。蛴螬年生代数因种、因地而异，为生活史较长的昆虫，一般1年1代或2～3年1代，长者5～6年1代。

（4）防治措施

蛴螬种类多，在同一地区同一地块，常为几种蛴螬混合发生，世代重叠，发生和为害时期很不一致，因此只有在普遍掌握虫情的基础上，因地因时采取相应的综合防治措施，才能收到良好的防治效果。

①做好预测预报工作。调查和掌握成虫发生盛期，及时防治。

②农业防治。适时灌水，精耕细作，及时清除杂草。使用施多壮等生物有机肥，减少鸡粪等有机肥料的施用，以防止招引成虫来产卵。

③物理防治。有条件的田块，设置黑光灯诱杀成虫，减少蛴螬的发生数量。

④生物防治。利用茶色食虫虻、金龟子黑土蜂、白僵菌等天敌或菌类进行防治。

⑤药剂处理土壤。用 52.25% 氯氰毒死蜱乳油 +3.2% 阿维菌素，在浇水时随水冲施；或采用 52.25% 氯氰毒死蜱乳油直接灌根，同时对根结线虫也有一定的预防作用。

⑥毒饵诱杀。将 26% 辛硫·高氯氟乳油 500 倍稀释液喷洒在麦麸、谷子等饵料上，撒于种沟中，亦可收到良好防治效果。

第三节　火龙果缺素症

任何植株生长都需要吸收营养物质，而营养物质主要由土壤提供。不同的营养元素在植物体中都具有各自的生理功能，且任何植物对各种养分的需要都有量限的关系，当其中某种元素缺少或过剩，都将导致植物体内一系列物质的代谢受限或对营养物质转运有一定的阻碍，从而从植物外部形态上表现出某些特殊症状。一般由营养元素缺乏引起的症状称为植株营养缺素症，由营养元素过多引起的症状称为营养中毒症。

1. 缺氮症

氮是构成植株有机蛋白质、核酸和磷脂的主要元素，在植株生命活动中占有特殊作用，也是有机体中维生素、生物碱、酶和叶绿素的重要组成部分。因此氮被称作生命元素。缺氮时，蛋白质、核酸、磷脂等物质的合成受到阻碍，会导致火龙果植株生长矮小，分枝、分蘖数量减少，茎蔓瘦且发黄，根系不发达，生长缓慢，发生火龙果落花、落果现象，对品质有很大的影响。但也不能过量施入氮肥，氮素过多则会引起植株蔓茎过长且柔软，影响开花结果。

2. 缺磷症

磷是磷脂、核酸和核蛋白的主要成分，参与蛋白质合成、细胞分裂、细胞生长等一系列生命活动，是许多辅酶的组成成分，此外还参与碳水化合物的代谢和运输。总之，磷参与多种代谢过程，对植物生长发育有很大的作用，是第二重要的元素。

火龙果植株缺磷时，花芽分化质量差，对结果影响较大，生长的果实小且品质差。但磷过剩会对氮、钾的吸收产生抑制作用，同时也会影响植株对硅的吸收。磷过多时，水溶性磷酸盐会与土壤中的锌结合，减少植株对锌的吸收，故磷过多容易引发缺锌症。

火龙果缺磷

3. 缺钾症

钾是品质元素，对果实的品质有很大的影响。钾也是多种酶的活化剂。火龙果植株缺钾，会出现植株生长缓慢，抗逆性下降，果实小且质量差。但钾过多也会对氮、钙、镁等元素的吸收产生影响。

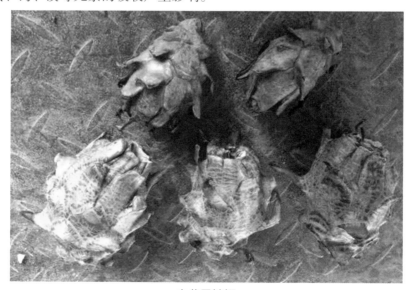

火龙果缺钾

4. 缺钙症

钙是植物细胞壁中果胶酸钙的成分，对细胞分裂有很大的影响。钙对植物抗性也有一定作用，还是一些酶的活化剂。植株缺钙会降低火龙果抗病虫害的能力。钙是难转移的元素且不易被重复利用，缺钙会首先表现在幼茎上，对新生长点、根尖端点也会产生影响。但钙元素过多会降低微量元素硼、铁、锰、锌等的溶解度，产生相应的缺素症。钙施入过多致使土壤呈碱性，容易形成板结，不利于火龙果植株的生长。

5. 缺镁症

镁是叶绿素的组成成分，也是酶的活化剂，对植物光合作用有重要的作用，在核酸和蛋白质代谢中亦起着重要的作用。火龙果植株缺镁，会先出现下部蔓茎变黄，生长的果实小且甜度差，品质不佳。缺镁会阻碍植株对氮和磷的吸收。

6. 缺硫症

硫是氨基酸的组成成分，硫对植株的生理作用是很广泛的，对光合作用和固氮均有作用。火龙果植株缺硫，会影响其同化作用，茎蔓会发黄且容易凋萎，植株抗逆性差，果实小且质量差。

除上述元素外，火龙果缺少中量元素和微量元素也会引起不同程度的缺素症。

第四节　辨别真菌、细菌、病毒、生理及药害

农业生产中，作物病害防治至关重要，要想对症下药，首先就要做到将作物病害区分开来，以下描述如何辨别作物细菌性病害、真菌性病害、病毒性病害、生理性病害及药害。

一、田间症状观察

认识一种病害，首先要从症状诊断开始。通过症状诊断，可初步把病害与虫害或损伤区分开来，可把侵染性与非侵染性病害区分开来，可把真菌性、细菌性病害与病毒性、线虫性病害区分开来。这是一个复杂而细致的工作，在田间诊断时，除注意症状观察外，还要注意病害在田间的分布、发生和发展等情况，更要注意病原检查。

症状是病害诊断的重要依据。首先要区别是伤害、缺素、虫害还是病害，如果是病害，还要区别是侵染性病害还是非侵染性病害。

从植株病害症状的表现来看，病毒性病害和非侵染性病害（生理性）多表现全株性症状，而真菌性病害、细菌性病害以局部性的居多，线虫性病害在发病初

期与缺素症相似。

从病部上病征的表现来看，真菌性病害往往可见霉状物、粉状物、小黑点（粒）等；细菌性病害潮湿时可见胶黏状物（菌脓）；病毒性和线虫性病害病部上虽无病征，但有花叶、皱缩、矮化、根肿等特有症状。

田间诊断时，除注意观察症状外，还要注意病害在田间的分布情况。非侵染性病害没有传染蔓延的迹象，田间分布较均匀而普遍，且发病地点常与地形、土质或特殊环境条件有关。如由霜冻、寒潮、干旱等气象条件引起的生理性病害，常大面积连片发生，受害的也不止一种果蔬；由土壤酸碱度不适或缺营养元素引起的生理性病害也往往连片发生；由农药、化肥引起的生理性病害，只发生在施药、施肥的田里，且被灼伤的斑点大小、形状很不规则。

侵染性病害有传染蔓延的迹象，且常常表现随风向或水流方向蔓延的趋势，或表现由点到面、由轻到重的蔓延扩大过程。

此外，在病害诊断时，还要注意了解栽培管理过程近期天气情况，并善于从发病田和无病田的对比中发现影响病害的有关因素，为病害诊断提供更多、更有力的根据。

病害诊断时应注意的问题有以下 2 点。

①注意症状的变异性和复杂性。虽然病害症状通常表现出相对的稳定性，但是病害症状并不是固定不变的，同一种病害往往因品种、环境条件、发病时期和发病部位等不同而有所差异。如菜豆锈病，其病征前期表现为锈色粉状物，后期表现为黑色粉状物。又如黄瓜霜霉病，初期表现为暗绿色水渍状角斑，后期病状表现为黄褐色角状枯斑，并互相连接成大斑块。再如甜椒枯萎病、疫病、青枯病3 种不同病害，其外观表现出相似的萎蔫症状。

②注意把病害、机械伤害、虫害区分开来。看病症发生发展的过程，侵染性病害一般具有传染性。因此，病害的发生一般具有明显的发病中心，然后迅速向四周扩散，通常成片发生，若不及时防治，将对作物生长造成很大的为害。而缺素症一般无发病中心，以零散发生为多，若不采取补救措施，会严重影响产量和品质。

看病症与天气的关系，侵染性病害一般在阴天、湿度大的天气多发或重发，植株群体郁闭时更易发生，应注意观察天气及植株群体长势状况，及早防治。而缺素症与空气湿度关系不大，但土壤长期滞水或干旱可促发缺素症。如植株长期滞水可导致缺钾，表现为叶片自下而上叶缘焦枯。土壤含水量不稳定、忽高忽低，容易引发缺钙，导致脐腐病、心腐病、假黑星病、茎裂病等生理病害，同时也会不同程度地影响作物的花芽分化。

二、各类病害的主要特征

（1）真菌性病害

产生不同形状的病斑。

病斑上产生不同颜色的霉状物或粉状物，无臭味。

（2）细菌性病害

叶片上病斑无霉状物或粉状物，且病斑处很薄，易破裂或穿孔。

根、茎、叶易腐烂，有臭味。

果实上有疮痂，在果实表面有小突起。

根部尖端维管束易变褐色。

（3）病毒性病害

病征主要表现在嫩叶上，种类虽少，但为害大，易患难治。

花叶病毒，叶片皱缩，黄绿相间，金黄易凹，深绿易凸，无病叶平展，叶眉扇形。

厥叶型，叶片细长，叶脉上冲，呈线状。

卷叶型，叶片扭曲，向上弯曲。

条斑型，如西红柿将成熟果实上出现青白色，渐变为铁锈色，不易着色，果实皮里肉外有褐色条纹；辣椒果尖端向上变黄色，在变黄部位出现短的褐色条纹。

（4）生理性病害

属非侵染性病害，不具传染性。一般上午温度低于 20℃时，开花结果作物不能正常开花授粉，易出空洞果、畸形果，易落花落果。下午 3 时至半夜温度低于 16℃时，养分不易转化积累在叶片和花芽，造成叶片黑厚而小、浓绿色，易化瓜落果，形成花打顶、瓜打顶、自封顶。下半夜温度低于 10℃时，易低温受阻，叶易老化、干枯。

（5）缺素症

作物缺硼时，枝条顶端弯曲，易自封顶，只开花但不结果。缺钙时表现为枝条顶端以下的新叶干尖、干边。缺硫时表现为新叶发黄。缺铁时表现为新叶发白。缺镁时下部叶片变黄。缺锰时则下部叶片叶脉绿、叶下垂、叶肉有黄斑。缺锌时表现为下部叶片叶肉变黄，叶脉是绿色。缺钾时下部叶片全绿但边缘发黄。

三、如何区别生理性病害和传染性病害

（1）生理性病害"三性一无"

植物生理性病害由非生物因素即不适宜的环境条件引起，这类病害没有病原物的侵染，不能在植物个体间互相传染，因此也称非传染性病害。

突发性：病害在发生发展上，发病时间多数较为一致，往往有突然发生的现象。病斑的形状、大小、色泽较为固定。

普遍性：通常是成片、成块普遍发生，常与温度、湿度、光照、土质、水、肥、废气、废液等特殊条件有关，因此无发病中心，相邻植株的病情差异不大，甚至附近某些不同的作物或杂草也会表现出类似的症状。

散发性：多数是整个植株呈现病状，且在不同植株上的分布比较有规律，若采取相应的措施改变环境条件，植株一般可以恢复健康。

无病征：生理性病害只有病状，没有病征。

（2）传染性病害"三性一有"

传染性：病害由生物因素引起，可以在植物个体间互相传染，称为侵染性病害。循序性病害在发生、发展上有轻、中、重程度的变化过程，病斑在初期、中期、后期其形状、大小、色泽会发生变化，因此在田间可同时见到各个时期的病斑。

局限性：田块里有一个发病中心，即一块田中先有零星病株或病叶，然后向四周扩展蔓延，病株、健株交错出现，离发病中心较远的植株病情会有减轻现象，相邻病株间的病情也存在着差异。

点发性：除病毒、线虫及少数真菌、细菌病害外，同一植株上，病斑在各部位的分布没有规律性，其病斑的发生是随机的。

有病征：除病毒和类菌原体病害外，其他传染性病害都有病征。如细菌性病害在病部有脓状物，真菌性病害在病部有锈状物、粉状物、霉状物、棉絮状物等。

当然，不管是生理性病害还是传染性病害，在进行诊断鉴定时，为了更加准确，在上述诊断的基础上，还要结合实验室鉴定，才能更进一步取得比较准确的诊断结果。

四、如何区分药害与病害

（1）斑点型药害与生理性病害的区别

斑点型药害在植株上分布往往无规律，全田亦表现有轻有重；而生理性病害通常发生普遍，植株出现症状的部位较一致。斑点型药害与真菌性药害也有所不同，前者斑点大小、形状变化大；后者具有发病中心，斑点形状较一致。

（2）黄化型药害与缺素黄化症的区别

药害引起的黄化往往由黄叶发展成枯叶，阳光充足的天气多发，黄化产生快；缺乏营养元素出现的黄化，阴雨天多发，黄化产生慢，且黄化常与土壤肥力和施肥水平有关，在全田黄苗表现一致。与病毒引起的黄化相比，病毒性黄叶常有碎绿状表现，且病株表现系统性病状，病株与健株混生。

（3）畸形型药害与病毒病畸形症的区别

药害引起的畸形发生具有普遍性，在植株上表现为局部症状；病毒引起的畸形往往零星发病，常在叶片混有碎绿、明脉、皱叶等症状。

（4）药害枯萎与侵染性病害枯萎症的区别

药害引起的枯萎无发病中心，且大多发生过程迟缓，先黄化后死株，根茎疏导组织无褐变；侵染性病害所引起的枯萎多是疏导组织阻塞，在阳光充足、蒸发量大时先萎蔫，后失绿死株，根基导管常有褐变。

（5）药害缓长与生理性病害的发僵和缺素症的区别

药害造成的生长缓慢往往伴有药斑或其他药害症状，而生理性引起的发僵表现为根系生长差，缺素症发僵则表现为叶色发黄或暗绿等。

当然，不管是药害还是病害，在进行诊断鉴定时，为了更加准确，在上述诊断的基础上，还要结合专业鉴定，才能更进一步取得比较准确的鉴定结果。

第五节　主要自然灾害及防护措施

火龙果主要的自然灾害有风害、温度过高的热害和温度过低的冷害。台风来临之际，对桩柱、地拉板和钢索等进行仔细检查，若发现有老化或损坏的要及时修复加固，并将所有火龙果的枝蔓用包装绳固定在桩柱和钢索上。

冷害的预防除采取农业措施培育出健壮的枝蔓外，还可在寒流侵袭前增施有机肥。在寒流袭击期间，除采取较常规传统的喷水外，还可采取堆烧杂草进行烟熏等措施。火龙果种植户还积极进行了创新的探索：用钢条及支架做成拱形，顶部覆盖塑料薄膜，能够遮盖到火龙果枝条60厘米高度以上。该方式的防冻效果有一定的局限性，耗费的人工较大，因此部分基地在试用一两年之后逐渐放弃。当下比较新的做法是，采用短时遮盖黑色遮阳网或长时遮盖白色防虫网的措施，将整个果园从地面到空中全部包裹起来，使内部温度比外部环境温度高3～4℃，抵御寒流的防冻效果显著。

覆盖塑料薄膜防冷害

短时遮盖黑色遮阳网

长时遮盖白色防虫网

冷害预防的其他措施：

①灌冬水。进入休眠期后土壤未上冻前灌水，能促使树体放出潜热和土壤水的凝结热，从而提高果树的抗寒能力，保证果树安全越冬，来年化冻后，升温慢，土壤疏松、透气；发芽前灌水，能降低地表温度，推迟发芽时间，预防倒春寒的发生。

②晾根处理。使火龙果部分根系露出土壤，减少根系从土壤中吸收水分，使枝条失水萎蔫，提高细胞溶液浓度，增强抗寒性。

③在降温前用沃丰素、溃腐灵和红糖枝蔓喷雾，不仅起到杀灭潜藏菌源、清园、修复伤口的作用，还能预防冷害（冻害），对于热带常绿果树尤为重要。

④树干涂白。对主干、主枝，尤其对根茎部和枝干分权处应仔细涂白。

⑤提前对树上未成熟的果实进行套袋保护。

夏季高温也会影响火龙果的正常生长，当气温高于38℃时，火龙果会停止生长，会休眠、抑制花芽的形成，来抵抗不适宜的生长环境，直观的损失就是夏季高温天气火龙果不开花结果，花果批次减少，种植户收益明显减少。当前不少火龙果基地采取以下措施来应对高温天气。

①在果园设置自动洒水的装置，超高温天气来临当天上午9时至下午4时，对枝条进行空中晒水，从而降低过高温度曝晒给火龙果造成的伤害。

②在果园加装黑色遮阳网，夏季高温天气来临之际，就把遮阳网拉上，遮盖整个火龙果果园。上述2种措施取得了不错的防暑降温整体效果。

③强壮根系。翻土整地时，使用一些有机质来增加土壤耕作层深度（30厘米以上），培养深层根系（水分吸收）；在根系附近加盖稻草、秸秆等物质，保持土壤水分，降低根系层温度。

④补充水分。由于日间气温较高，水分散失快，加上根系日间基本处于罢工状态，水分补充需要合理安排时间，必须安排在傍晚之后；补充水分时，使用低浓度功能性营养及调节剂类物质。

夏季覆盖遮阳网

第九章　火龙果采收和贮藏保鲜技术

第一节　火龙果采收

一、采收时间

火龙果采收时间判断方法：一是通过肉眼判断采收时间，注意观察火龙果在开花后的 30～40 天，会发现果实由绿色逐渐变为红色，外观膨胀浑圆，瓣底尖突平展，果顶盖口出现皱缩或轻微裂口，果实散发微香，果实鲜艳、有光泽时就可以采收。二是从精确的科学角度判断，每种果实成熟都需要一定的积温，即从结果至果实成熟，所有天数的日平均气温之和，即为该果实所需的成熟积温，当监测计算火龙果达到成熟积温后，即可采收。

火龙果采收

适时采收十分重要，如采收过早，果实营养成分未充分转化，则火龙果的品质和重量会受到影响；如采收过晚，果实则会变软，口味不佳，也不利于运输和贮藏，且易招果蝇叮咬，导致品质下降，影响商业性。采收应遵循先熟先采，需要贮存的果实可比当地新鲜销售果实早采收，而需要加工成品的果实，可在充分成熟时采收。

火龙果采收

二、采收方式

应选择在晴天温度较低的早晨露水干后采收。雨天采收，果面水分过多，容易滋生病虫。如若遇到大风大雨天气，应等放晴 2 ～ 3 天再采收。若在烈日下采收，则果面温度过高，呼吸作用太旺盛，影响运输和贮藏。采摘果实时，一只手托住火龙果，然后拿剪刀从果实基部剪下，将其顶端朝下，基部向上轻轻地竖放在果篮中。采摘下的果实应进行分级，用泡沫塑料网袋套住。切忌将果实多层叠放，以免运输途中相互挤压。包装好的果实应立即出售。

采摘下的火龙果

火龙果采收后装框

第二节　火龙果贮藏保鲜技术

由于火龙果含有多种活性酶，采后不耐贮藏，在高温下果实容易软化。试验表明，在平均气温 28℃下，火龙果表面不做任何处理能够保存 2 周左右。有资料显示，在 10~15℃下冷藏可贮存 30 天以上。

目前，国内外对火龙果保鲜的方法主要有低温保鲜、涂膜保鲜、化学保鲜剂保鲜、酶处理、热处理、辐照等。采用的保鲜方法相同，其侧重点也有所不同。但机理都是对果实的生理代谢进行调控：一是通过抑制果实呼吸作用及乙烯的产生，调控其衰老进程；二是对果实体内酶活性和细胞膜完整性进行调控；三是通过控制腐败菌，抑制微生物的增长从而延缓腐败。

（1）低温贮藏

火龙果采收后的贮藏方式对火龙果的保鲜期及品质有很大影响。低温冷藏是热带水果贮藏的主要方法之一，应用广泛。目前火龙果主要的贮藏方法也是冷藏。低温贮藏可有效控制微生物生长繁殖，并可以抑制褐变相关酶的活性，从而延缓果实衰老和腐败变质。根据经验，火龙果的最佳贮存温度为 6 ～ 10℃，贮存寿命约为 14 天。

（2）涂膜保鲜剂保鲜

涂膜技术主要是通过增强果蔬表面的防护，阻塞表面气孔以抑制果实的呼吸作用。这样能够减少营养损耗、水分蒸发，防止果蔬皱缩萎蔫，同时能有效阻止酶促褐变，消除或抑制乙烯等有害挥发物，也能防止微生物的侵入，减少果蔬的霉变和腐烂，从而更好地保持果蔬的营养价值和外观品质，长久保持果蔬产品的新鲜度。

试验表明，涂膜保鲜剂单独使用对延长火龙果贮藏时间的效果不明显，但保鲜剂结合冷库贮藏，能够很好地延长火龙果贮藏的时间。涂膜保鲜技术不是很适合火龙果的保鲜，因为火龙果有鳞须，表面不光滑且不平整，不容易形成一个完整的膜层，达不到理想的保鲜效果，但对鲜切的火龙果较适用。

（3）化学保鲜剂保鲜

化学保鲜是利用化学药剂涂抹或喷施在果蔬表面，以杀死或抑制果蔬表面和环境中的微生物，同时调节环境中气体成分的作用，从而达到保鲜的目的。目前使用较多的化学保鲜剂主要有 2 种：一是防腐保鲜剂，主要有山梨酸钾、柠檬酸、苯甲酸钠、亚硫酸盐、维生素 C、氯化钙等；二是生长抑制剂，如赤霉素、水杨酸等。研究结果表明，氯化钙处理对火龙果呼吸作用的抑制并不明显，但对降低火龙果的腐烂有很好的作用。化学保鲜剂虽然对火龙果表面的微生物有明显的抑制作用，也有较好的保鲜效果，但不利于人体的健康，不提倡大量使用。

（4）酶处理

酶处理保鲜技术是利用酶的催化作用防止或消除其他因素对果蔬产生的不良影响，从而保持果蔬的新鲜度。酶是活细胞产生的具有高效催化功能、高度专一性和高度受控性的一类特殊蛋白质。酶处理保鲜技术应用的一般为酶制剂，世界已知的酶制剂有 5000 多种，工业生产的酶制剂有近 200 种，常用的有 30 多种。酶处理保鲜也可以更多地保留植物活性成分，是一种新的保鲜技术，有待进一步研究。

（5）热处理和辐照保鲜技术

热处理是指果蔬采摘后在适宜温度下（研究表明一般为 35～50℃），杀死或抑制病原菌，达到贮藏保鲜的效果。辐照保鲜是利 ^{60}Co、^{137}Cs 等辐射出的 γ 射线辐照果蔬，使其新陈代谢受到抑制。由于热处理在火龙果保鲜上的研究较少，而辐射贮藏又是一种比较新的技术，因此目前还没有大规模应用。

尽管国内种植火龙果的时间不长，但由于火龙果含有丰富的营养成分，除能够鲜食外，花和果实也可用来加工成各种营养保健品。目前市场上有很多火龙果开发的产品，如花茶、果酒、果醋、罐头等。由于火龙果耐旱、耐贫瘠、病虫害相对较少，其前景广阔，种植规模也随之快速发展。尽管国外对火龙果保鲜技术的研究较早，但是技术引入到国内后不应该完全照搬，应该结合国内的实际，开发生产出高效、实用、低成本、绿色的综合保鲜技术，才是我们未来发展的方向。

参考文献

［1］郭璇华，罗小艳. GC–MS联用分析火龙果花提取液的化学成分［J］. 分析实验室，2008，27（12）：84–87.

［2］唐传核. 植物生物活性物质［M］. 北京：化学工业出版社，2005.

［3］蔡永强，郑伟，王彬. 火龙果花营养成分分析［J］. 西南农业学报，2010，23（1）：283–286.

［4］王彬，蔡永强，郑伟. 火龙果果实氨基酸含量及组成分析［J］. 中国农学通报，2009，25（8）：210–214.

［5］赵志平，杨春霞. 火龙果的开发与发展前景［J］. 中国种业，2006（2）：13–14.

［6］刘小玲，许时婴，王璋. 火龙果色素的基本性质及结构鉴定［J］. 无锡轻工业大学学报，2003（5）：62–75.

［7］张伟锋，何生根. 火龙果果肉天然红色素的提取方法和条件［J］. 仲恺农业技术学院学报，2006，19（4）：17–21.

［8］李仕品，韦茜，高安辉，等. 火龙果育苗技术［J］. 广西园艺，2004，15（5）：50–51.

［9］张福平. 火龙果的营养保健功效及开发利用［J］. 食品研究与开发，2002，23（3）：49–50.

［10］潘艳丽，芮汉明，林朝朋. 火龙果种仁的营养成分分析［J］. 营养学报，2004，26（6）：497–498.

［11］马蔚红，陆军迎，高松峰，等. 火龙果、西番莲、蛋黄果优质高效栽培技术［M］. 北京：中国农业出版社，2002.

［12］张福平. 火龙果的营养保健功效及开发利用［J］. 食品研发与开发，2002，6（23）：49–50.

［13］李升锋，刘学铭，舒娜. 火龙果的开发与利用［J］. 食品工业科技，2003（7）：88–90.

［14］陈冠林，邓晓婷，胡坤，等. 火龙果的营养价值、生物学活性及其开发应用［J］. 现代预防医学，2013，11（11）：2030–2033.

［15］张娜，李家政，关文强，等．火龙果生物学及贮运保鲜技术研究进展
　　　［J］．北方园艺，2010（1）：229-231.

［16］高国丽，张冰雪，乔光，等．火龙果种质资源的耐寒性综合评价［J］．
　　　华中农业大学学报，2014（3）：26-32.

［17］吴涛．浅析火龙果栽培与管理技术［J］．福建热作科技，2013（2）：
　　　42-45.

［18］戴宗贵．广西火龙果种植管理技术［J］．吉林农业，2014（5）：75-76.

［19］郑小琴，李招连．火龙果花期的气候条件分析和技术管理［C］．福建省
　　　科协第十届学术年会卫星会议——2010年福建省气象学会学术年会论文
　　　集，2010.

［20］刘连斌，于学萍，王萍，等．火龙果生物学特性及主要病虫害防治技术
　　　［J］．农技服务，2011（8）：1204，1206.

［21］黄均成．红肉火龙果引种及高产栽培技术规程［J］．中国园艺文摘，
　　　2013（6）：202-203.

［22］周良材．红心火龙果引种及丰产优质栽培技术［J］．吉林农业，2014
　　　（15）：72-73.

［23］朱春华，李进学，龚琪，等．火龙果加工综合利用状况［J］．保鲜与加
　　　工，2014（1）：57-61，64.

［24］林红美．火龙果高产栽培管理技术要点［J］．农技服务，2014（4）：
　　　122.

［25］宁丰南，梁桂东，庞雅广，等．"桂红龙1号"红龙果特性及其高产栽培
　　　技术要点［J］．中国热带农业，2014（5）：65-67.

［26］刘妍，郭艳峰，李晓璐，等．三种水果果皮中花青素含量测定及其稳定性
　　　分析［J］．保鲜与加工，2017（4）：89-93.